人生才是最重要的作品

肖川 曹专 著

新华出版社

图书在版编目（CIP）数据

人生才是最重要的作品 / 肖川, 曹专 著.

北京：新华出版社，2021.11

ISBN 978-7-5166-6089-8

Ⅰ.①人… Ⅱ.①肖… ②曹… Ⅲ.①人生哲学—通俗读物 Ⅳ.①B821-49

中国版本图书馆CIP数据核字(2021)第210830号

人生才是最重要的作品

作　　者：	肖川　曹专		
责任编辑：	董朝合	装帧设计：	正　尔
出版发行：	新华出版社		
地　　址：	北京石景山区京原路8号	邮　　编：	100040
网　　址：	http://www.xinhuapub.com		
经　　销：	新华书店、新华出版社天猫旗舰店、京东旗舰店及各大网店		
购书热线：	010-63077122	中国新闻书店购书热线：	010-63077122
印　　刷：	北京市通州兴龙印刷厂		
成品尺寸：	170mm×240mm		
印　　张：	15	字　　数：	255千字
版　　次：	2021年11月第一版	印　　次：	2021年11月第一次印刷
书　　号：	ISBN 978-7-5166-6089-8		
定　　价：	68.00元		

版权专有，侵权必究。如有质量问题，请与印刷厂联系调换：13911920794

前言

我们可以拥有的人生信念

人生是每一个人最重要的作品,是每一个人都可以全力以赴地成就的作品。

对有着良好品格的人来说,成功或许会迟到,但一定不会缺席,他们才会真正成为人生的赢家,他们是幸运的常青树。

一个人应该尽可能地与世界建立起真诚、丰富和深刻的关系,这是放大自我、走向卓越的最可能的方式。

健康的身体中本身就有享乐与美,人生中许多东西可以借,可以要,也可以没有,唯有健康,它只能由你享受或忍受。

一个人所能拥有的最辉煌的财富是有一颗自由而伟大的心灵,学会放弃,享受闲暇,眷顾内心,才能俯仰于天地之间。

发展自我,成就自我,是人的一生中最有意义、最不会后悔、最不会感觉徒劳的事情。一个发展程度高的人所拥有的幸福感觉,所领略到的光风霁月,是发展程度低的人所无法想象得到的。

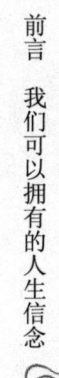

人生才是最重要的作品

"重要的不是生活得最好，而是生活得最多"，人生的乐趣在于不断地开拓生活与自由，"读不曾读过的书，识不曾识过的人，去不曾去过的地方，说不曾说过的话"。

因为孩子，父母可以参与另一个生命的成长。父母在事业中和生活中的成功很重要，教育好孩子既是最重要的一种事业，也是最有价值的一种生活。

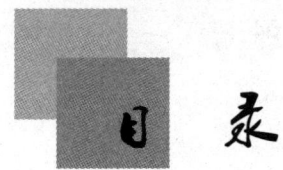

目录

第一章　人生是最重要的作品

做一个充分生活过的人生家 /3
人生的境界 /6
人生的高度 /9
幸福而精彩的人生 /11
什么是成功 /14
美好的生命姿态 /17
追求有价值的目标 /19
生命在于体验 /22
生命的圆融 /25

第二章　修炼好人格

健康人格是美好人生的基石 /31
健康人格的关键指标 /34
成长经历影响健康人格的形成 /36
善良是一种高贵 /38
勇敢才有"精气神" /41
诚实地面对自我和世界 /44
心存感激 /47
节俭更能感受内心的富有 /49
人在勤奋时是美丽的 /51

　　主动、专注与坚毅 /54

第三章　建构好关系

　　每个人都生活在关系中 /59
　　好关系造就好人生 /61
　　关系都是相互的 /64
　　美好关系的秘密 /67
　　在懂你的人群中散步 /71
　　生命的名单 /74
　　亲人让人生更温暖 /76
　　用心呵护爱情和夫妻关系 /78
　　赢得朋友是一种修为和造化 /81
　　建立互信的师生关系 /84
　　好好对待陌生人 /86

第四章　照顾好身体

　　储蓄健康 /91
　　养生的八个字 /93
　　老寿星的启示 /96
　　乐观有利于身体健康 /99
　　学会应对压力 /101
　　不要吃得太饱 /103
　　茶是最好的饮料 /105
　　善待自己　简单生活 /108

第五章　养护好心灵

　　人是身、心、灵的统一体 /113
　　精神高贵意味着什么 /115
　　每个人都活在自己的心里 /118
　　境由心造 /121

人是自我定义的产物 /123
心中的价值序位 /125
乘着智慧的翅膀飞翔 /127
爱使人出类拔萃 /129
幸福是暖暖的心流 /131
真正的英雄主义 /134

第六章　经营好成长

成长是生命中永恒的主题 /139
发展程度高的人 /141
高品质的学习 /144
深度阅读改变命运 /147
思考决定见识的高下 /150
思想家是搭积木的玩家 /152
通过研究走向卓越 /154
写作是自己的好 /156
坚持积累学识 /159
付出不亚于任何人的努力 /162
做时间的朋友 /164

第七章　享受好生活

生活的信念和主张 /169
什么是好的生活 /171
亮闪闪的日子 /174
金钱在生活中的角色 /176
安平乐道 /179
享受闲暇 /182
好日子天天都在歌里过 /184
通过旅游把世界装进心中 /186
有品位的着装是享受生活的一部分 /189
礼物与收藏 /191

如何安放我们的老年 /193
每个人都可以让生活变得更好 /196

第八章 教育好孩子

父母是孩子的起跑线 /201
好妈妈胜过好老师 /203
好家风造就好孩子 /205
父母与孩子和平共处的五项原则 /207
有出息的孩子的特征 /210
尊重孩子的个性 /213
什么样的人能成为领导者 /216
培养讲理的孩子 /218
生命在于表达 /220
批评使人进步 /222
重视体育的价值 /224
孩子选择什么专业好 /226
要不要送孩子出国留学 /228

后记 人生真正的财富 /230

第一章
人生是最重要的作品

  人生是每一个人最重要的作品，每一个人都可以全力以赴地成就的作品。评价一个人的人生作品好不好，可以有哪些指标？第一个是顺遂：一生平平安安，心想事成，梦想成真，充满活力与喜乐；而很少经受严酷的打击与挫折，也很少经历苦难与撕心裂肺的痛楚。尽管"艰难困苦玉汝于成"在历史上多有范例，但我相信几乎没有人希望自己命运多舛、一生坎坷。第二是真诚：不必虚情假意、装腔作势，不必煞有介事、道貌岸然；也不必委曲求全、曲意逢迎，更不必仰人鼻息、自轻自贱，可以自适己意、率性而为，可以堂堂正正、大义凛然地言说与行走。第三是丰富：经历的丰富、心灵的丰富、思想的丰富——见识过形形色色的人，经历过各种各样的事，游历过很多的地方，读过很多的书，有丰富的兴趣和爱好，取得了多方面的成就。第四是深刻：对人世间的爱恨情仇、人情世故有许多的洞见，有许多的高峰体验、沉浸体验，能"见常人之未见，发常人之未发"，常常"思接千载，视通万里"。

藏族

做一个充分生活过的人生家

人的一生有些类似于建房子：你在什么地方选址，怎样的格局设计，用何种建筑材料，如何装潢……这涉及一个人的追求、智慧、眼界、才能、生活方式和审美趣味。有人建造出了理论大厦，有人建造了艺术殿堂，有人建造出了财富天地，有人建造出了游乐王国，有人建造出山水园林，还有人建造出慈善天堂，有人却只能建造出竹篱茅舍，更有人只能开凿出藏身的洞穴……种种的机缘巧合，不同的造化弄人，使人生呈现出千姿百态。但不管怎样，人生都是你最为重要的作品，那就是你的生命的栖居之所。这在很大程度上是自作自受，每个人首先需要对自己的人生负责。

人类社会，古往今来，有许多的思想家、科学家、艺术家、教育家、政治家、企业家，甚至有美食家、博物学家、旅行家……这些"家"几乎都是在某一领域有卓越成就的人，但他们中的不少人的人生却并不美妙。可不可以有一种人能够称之为"人生家"？答案是肯定的。人生家是这样一类人：他们并不圆滑世故，你好我好，一团和气，但他们拥有许多真诚的朋友；他们注重生活品质，尽情享受人生，却不低俗与功利；他们是平衡各种价值的高手，他们的生活每一天都充满光辉……诗人佩索阿说："除

人生才是最重要的作品

掉睡眠，人的一辈子只有一万多天。人与人的不同在于：你是真的活了一万多天，还是仅仅生活了一天，却重复了一万多次。"人生家就是充分生活过的人。

当一个人没有超人的天赋和优越的社会资本及文化资本时，成不了许多领域的翘楚，还可以把自己的人生当作最重要的作品，活成一个人生家。人生家就是热爱生活、会生活、生活得非常精彩的人：无惧，无忧，无憾。在日常的生活中感知人情冷暖，体味爱恨情仇，拥有"五味杂陈""百感交集"的生命体验，是一个人内在的宝贵财富。正是基于这一认识，我们主张并身体力行"真诚而勇敢地生活"：不惧误解，不畏冲突，随遇而安却又率性而为，知足常乐但也乐于尝试，力图去创造一部多彩多姿、玉树临风的人生作品。

我们过去的教育忽略了一个重要方面就是帮助学生重视和学会取得个人的生活成就。这包括：有稳定深刻的兴趣爱好，投入到趣味无穷、引人入胜的活动中，能在生活中更多地感受兴高采烈、怦然心动的美好时光；能够和身边的人建立起充满信任、关爱与亲密的关系，体验到人际关系的温暖，发现人性之美；有令自己无比珍爱与自豪的在生活中创作的作品，如文章，著作，绘画，书法，工艺，摄影，作曲，园艺设计，发明，收藏，曲艺，厨艺等等。我们太在乎世俗的成功，忘了人生本身就是最重要的作品。一个人不管毕业于哪一所学校，所学的是哪一门专业，获得了怎样的学位，最终都得面对生活。任何人都首先是一个生活者，其次才是一个劳动者、思想者，一个技术人员、一个专家，一个文人、一个学者或者一个艺术家。而只有一个人能快乐而有尊严的生活着，才能扮演好其他的社会角色。我们不仅要学习如何考试、升学和就业,更要学习如何快乐地生活,如何拥有美好的生命姿态,如何营造幸福的人生。

人生的境界

　　冯友兰先生提出了"人生四境界说"。他将人生境界由低到高划分成四个境界：自然境界、功利境界、道德境界、天地境界。这个划分或许也能自圆其说，但我们不太认同，我们认为人生可以分为三层境界：功利境界、审美境界和意义境界。它对应于人们行为的三种动机：追求功利、追求审美趣味、追求意义。

　　人们有着各种各样的追求：求财，求职，求子，求知，求爱，求欢，求健康，求平安，求关注，求神仙保佑，求长生不老，求立德立功，求万世太平……不论你追求什么，都无外乎功利、乐趣与意义。差别在于这三者偏重哪个或各自在整个动机圈中所占比例的大小。发展程度不高的人，只追求功利，他们最在乎"升官发财，财源广进，腰缠万贯，金玉满堂"。发展程度稍高的人，乐趣就会成为一个比较强烈的追求。各种雅趣便在他们中间大行其道。发展程度很高的人，会把对意义的追求放在具有终极价值的位置，如艺术创造、科学探索、理论建构。他们倾向于把生活过程同时作为一个探索过程，并享受探索的乐趣。如果对意义的追求超过 50%，在动机圈中成为主要动机，这类人就是凤毛麟角了。

　　儿童的游戏、成年人的娱乐主要由乐趣推动；工商业以及所有的谋利行为则由功利推动；公益慈善和宗教行为多为意义推动。人类行为动机往往不是单一的，更多的是两种或三种推动力的混合。追求功利或许是人类文明进步最为强大的推动力，尽管在道德的意义上常常显得不够崇高。比如科学研究，追求乐趣往往显得纯粹，但功利推动却更显强劲。当然，人类是精神的生物，对意义的追求始终存在于人类文明的进步历程之中。正因为有人们对意义的追求，才有了艺术、哲学、宗教、道德以及理论建树，才有了人间正义及对正义的守护，才有了对高尚人格的推崇，才有了历史的审判和良心的谴责……意义饱含着人对于现实的超越性，标识着人对世界理解的精神性向度。人不仅能够超越动物的本能，也能够超越可视的环境与条件，而成为意义的创造者、追求者和体现者。"君子喻于义，小人喻于利"，义即意义的凝结，而所有的人都可能成为君子。

在西班牙举行的自行车赛中，车手埃斯特万在距离终点只有300米时不幸遭遇爆胎，他只能扛起自行车跑向终点。令在场观众惊讶的事情发生了：他身后的竞争对手纳瓦罗拒绝超越，慢慢地跟在爆胎的埃斯特万身后！后来取得冠军的埃斯特万想把奖牌送给纳瓦罗，但遭到了纳瓦罗的婉拒，理由是：自己不想在快到终点时超越一个爆胎的对手取胜，这样是不道德的。人生比的不是冠亚军，而是胸怀与境界……

纳瓦罗无疑是一个人生境界比较高的人，他对意义的追求超过了功利。人与人的差别可以表现在很多方面，其中之一是人生境界上的差别。境界高的人很容易理解那些比他境界低的人，而境界低的人却不容易理解

人生才是最重要的作品

比他境界高的人,这就好比站在高处很容易看清低处的物体,而站在低处却不容易看清高处的物体。人世间最美的莫过于一个人生命的境界。它看不见,摸不着,但实实在在地存在着,它存在于我们全部的言行中。

人生的高度

每个人的人生都有多个维度。比如说人生的广度,这涉及人的社会生活的舞台有多宽,社会交往有多广,扮演的角色的丰富程度,生活的地理空间的广度等。比如说人生的长度,长寿,自古以来就是人们孜孜以求的。今天医学的昌明,为人们实现延年益寿的愿望提供了支持。对人生的广度和长度,人们容易认同,孜孜以求的人也很多。

至于人生的高度的问题,给予关注的人不是特别多。许多人都只能实实在在、真真切切地生活在当下,而很少考虑当下的所作所为能顾及多久的未来。一个人眼光短浅,只顾及眼前利益得失,他的人生是没有高度的。倘若能顾及五十年后、一百年后、三百年后的中国局势以及人类文明的走向,他的人生就有了高度。提出"为万世开太平"的张载,虽然没有提出什么"开太平"的良策,但他的人生是有高度的。声称"我死后哪管它洪水滔天"的法国国王路易十五,虽身为国王,他的人生不仅毫无高度,还有几分卑下。可见,人生的高度,会受社会地位的影响,却并非由它决定。人的生活有高度,才能活出风骨,才会有玉树临风的况味。

中国古人中也不乏有人生高度的人。老子、庄子有,"念天地之悠悠"的陈子昂有,"一蓑烟雨任平生"的东坡居士有,"让他三尺又何妨"的张

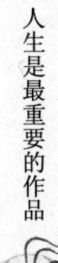

英有,"去留肝胆两昆仑"的谭嗣同更有……而西方,有人生高度的人,我首先能想到的是乔治·华盛顿,以及他的同僚杰佛逊、富兰克林和亚当斯们。他们对制度的设计真正做到了中国古圣先贤梦想的"为万世开太平"。另外,哲学家康德,启蒙思想家伏尔泰,科学家爱因斯坦都是人类罕见的有人生高度的巨人。

人生的高度影响着我们对万事万物的评价与态度。何谓"大",何谓"小",何谓"好",何谓"坏"……通通都会受到它的影响。"能闲世人之所忙者,方能忙世人之所闲。"什么令你驻足,什么令你萦怀,什么令你辗转反侧,什么令你生死相许……这一切的一切,很大程度上取决于一个人人生的高度。因为随着人生高度的提升,人们的价值排序,观照世界的参照系都会发生变化。

一个人无论他活在这世上多么风光,多么不可一世,也就最多三万多天。所有人无一例外地活得很短而死得很久。这地球上曾经生活过的人,远的不说,近三千年有文字记载以来,至少有上千亿人生活过。可只有不到十万分之一的人在人类文明史上留下了自己的印迹,其他的人都湮灭在历史的尘埃里。"与今人相处时日短,与后人相处时日长",可你想不想与后人相处,你是否在意你的身后名,有没有追求永恒的冲动,这些决定着你人生的高度。

幸福而精彩的人生

哈佛大学著名的《幸福课》有这样的介绍:"我们来到这个世上,到底追求什么才是最重要的?"我们坚定地认为:幸福感是衡量人生的唯一标准,是所有目标的最终目标。是的,幸福而精彩的人生几乎是我们每个人的向往。

关于什么是"幸福",许多哲人都做出了回答。如哲学家伊壁鸠鲁说"幸福就是身体的无痛苦和灵魂的无纷扰。"积极心理学之父"马丁·塞利格曼将"幸福"定义为:"生命的丰盈和蓬勃",包含了五个元素:积极情绪、投入、意义、人际关系和成就。我们认为,"幸福"是"一个人既充实又闲适的内心体验",它包括很多元素:安全感,目标感,舒适感,归属感,价值感,自豪感,成就感,满足感,富有感,优越感,尊严感,正义感,认同感,荣誉感等。对一个人而言,幸福是一种与人格品质相关联的能力。在童年期,缺乏爱与温暖,基本需要难以得到满足的境遇中长大的人,容易形成索取型人格。这表现为缺乏给予他人与感恩的意识和能力,对于别人要求多,抱怨多。这样的人的满足感、安全感、对人的认同感都不会高,也很难与人建立起亲密关系,故而幸福指数不高。

古人云:"有工夫读书谓之福,有力量济人谓之福,有著述行世谓之

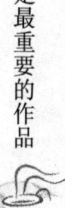

人生才是最重要的作品

福。有聪明浑厚之见谓之福,无是非到耳谓之福,无疾病缠身谓之福,无尘俗撄心谓之福,无兵凶荒歉之岁谓之福。"我们认为,幸福生活的"有",第一是心中有盼头。对于一个人来说,有理想、有追求,生活才会有声有色,才会有不断成长的内源性动力。第二是手中有事做。有事做意味着社会需要你,意味着有实现人生价值的岗位和机会,一个人能全身心投入地做一件事情,是生命积极的存在状态,也是一种幸福的状态。第三是身边有亲友。人是社会的动物,需要有情感的归属。"人字的结构就是相互支撑",亲情、友情、爱情是生活中的阳光,拥有完整感情的人,无疑是幸福的人。第四是家中有积蓄。经济上的富有是重要的,我们经常说富贵吉祥,首先是"富"然后才是"贵"。当我们在经济上富有的时候,就会显得大气,不会过分地斤斤计较,不会过分地在乎那些名和利。幸福生活的"无",首先是心中没有恐惧。一个整天处于担惊受怕状态中的人是不可能体会到幸福的。在一个法制社会,只要堂堂正正做人,遵纪守法,一切光明正大,就没有什么可害怕的。虽然很多时候我们所做的事情不能尽如人意,但能够做到问心无愧也就可以了。其次是监狱无犯人。再次是医院无病人。健康是幸福生活的一大基石。虽然生老病死是人生不可避免的,但我们如果更多的过健康文明的生活,注重日常保健和养生,我们就更可能远离疾病的侵扰。最后是身边无仇敌。和谐融洽的人际关系是幸福生活的一个重要条件,"人是一切社会关系的总和",我们每个人都要有意识地营造良好的人际氛围。套用托尔斯泰的名言:幸福的人生是相似的,不幸的人生却各有各的不幸。幸福的人生拥有想要的美好,而不幸的人生不该有的东西有,该有的东西却可能缺乏。

何为精彩人生？有一种衡量标准是有三"闲"：有闲暇，有闲钱，有闲情。其中"有闲暇"最为紧要。闲暇是一个人自由发展的空间，闲暇生智慧，自由出思想。英国散文作家洛·皮·史密斯告诫发人深省："假如你正在失去悠闲，当心也许你正在失去灵魂。"明末清初的文人张潮在《幽梦影》一文中指出："能闲世人之所忙者，方能忙世人之所闲"。卓然傲世者方能出众，芸芸众生难免为生计、为世俗功利而忙碌。精彩的人生一定是一个丰富的发现之旅。而一个人能否有丰富的发现取决于它是否有一双"发现的眼睛"：这双眼睛是内在于人们的内心的，即为"心眼"。它由一个人的经验、知识、认知结构、胸臆、襟怀、格局、眼界、追求、需要、梦想、渴望、情怀等等构成。一个心事重重或琐事缠身的人，他只会穷于应付，而不会有发现的心情。"闲暇生智慧"，此言诚哉。

人生才是最重要的作品

什么是成功

什么是成功？每个人对它的定义可能都不同。一定社会的一定历史阶段可能可以找到大家都比较认可的标准。比如科举时代，读书人考试及第获得举人的身份就算成功了。倘若在殿试中获得状元、榜眼、探花的名头，那简直就可以傲视群雄了。但成功还有自我的标准，有人看上去风光无限，可内心的苦楚难以为外人道。无怒无忧、无嗔无惧，可以心安理得、可以为所欲为，才是真成功。

一个人可以为所欲为吗？古人已回答过"随心所欲不逾矩"。这需要相当高的生命境界。不必为生计奔忙，做任何事都不必首先考虑经济利益；重视内心的感受，不必在意别人的评价；有自己的人生目标，并且确信追求这个目标的实现，是与追求人类的共同福祉相一致的；相信自己乐于做的一切，甚至所做的一切都是朝向目标实现的努力的一部分。这就是意志自由，这就是"生活中的成功"，简而言之，就是生活得幸福，就是生活得既充实又闲适：物质上精神上的富有，既没有过强的外在压力，又没有过强的内在紧张，内心喜乐，平和，怡然自得。

成功的人生是几乎所有的人所向往的。成功的人生是一个过程，以及这个过程所拥有的状态，而其核心是良好的心态。积极的、良好的心态可以概括为这样 16 个字：

1. 接受现实。这意味着不抱怨，不逃避，不怨天尤人，不消极等待。"接受现实"不等于忍气吞声，更不是逆来顺受，而是"山不过来，我就过去"，用生命的热情拥抱一个并不完美的世界。

2. 悦纳自我。"自我"是每一个人的世界的中心，也是评估万事万物的内在尺度的依据。只有有良好的自我形象才能自信满满地走在人生之路上，而且，"只有最好的自我才更有可能遇见最好的他人"。

3. 心存感激。感恩之心、感激之情可以放大你拥有的一切美好的东西，使内心变得更富有充实感、满足感、自豪感和安全感。感恩使我们自己成为这种美德最大的受益者。

4. 追求卓越。这意味着一个人总有更高的目标在召唤："没有比脚更长的路，没有比人更高的山"，与时俱进的卓越，会让我们看到更灿烂辉煌的人生风景。

在不同的领域，人们要获得成功所需要的条件不尽相同，但在各行各业要获得成功也有一些共同要素：天赋，努力，方法，还需要有一点机遇或运气。

1. 天赋，在不同领域的重要性会很不相同，在艺术领域，它最为重要。

2. 努力，在所有领域都很重要。几乎没有人可以随随便便就能获得成功。

3. 方法。有人方法不得当，往往事倍功半。说到底，还是不够聪明。

4. 人生中有些事情并不是自主选择的，这背后就有运气。一个人天赋

很好，又肯付出努力，方法得当，运气不错，想不成功都很难。天赋，努力，方法，最终凝聚为智慧与品格。幸运青睐于智慧与品格优秀的人。四者俱备，他们就一定可以成为行业中的翘楚。

一个成功的读书人有什么特征？

1. 真正的"读万卷书，行万里路"，博览群书，积累广博。

2. 书读得通透，真正能抓住那些好书中的精要，一些深刻且精当的表述能做到如同己出，烂熟于心。

3. 著述宏富，有自己得意且被传播的、打磨得精准、精彩的表达。

4. 家境殷实，生活满意度高。

5. 有明确的努力的目标，有坚守的价值观，有光明的社会理想。

6. 有比较广阔的社会活动的舞台，有展示个人追求、思想与情怀的机会。在《论语·述而》中孔子说："志于道，据于德，依于仁，游于艺"。今天，我们应该赋予它这样的含义：立志与真理为友，崇尚认识与探索的兴趣；形成并具有内在的德性，"德者，得也"；做任何事都要顾及到他人，尽可能不要伤害到他人，有仁爱之心；最后还能从从容容地感受、发现和享受人生的美与趣味。伟人不仅指建立大的功业，叱咤风云的人物，也包括有"道德仁义"这样伟大的人生的读书人。

美好的生命姿态

"生命姿态"是一个意象生动且有感召力的概念,它可以提醒我们挺直了腰杆走在明媚的阳光下,享受自主而充实的人生,幸福而有尊严地生活着。每一个人首先要对自己的人生负责,需要勇敢而坚定地直面生活。自怨自艾的人生是失败的、糟糕的人生。

什么样的生命姿态是美好的、值得尊崇的?

1. 勇敢的生命姿态。这意味着执着、坚毅,不瞻前顾后、不患得患失,敢想敢说、敢作敢当、敢恨敢爱、敢生敢死。在一个法治社会,只要你不违法乱纪,只要你不是一个鼠窃狗偷之辈,只要你对天道、自然、生命与真理心存敬畏,就没有什么可恐惧的。如果一个人连内心真实的感受和想法都不敢表达,这其中不排除有可能你不够自信、你的内心不够正直与光明。只有有更多的人能够大义凛然、挺拔地生活着,而不是委琐的、怯懦的、低眉顺眼、忍气吞声地生活着,社会才会有一种正气,和谐社会的建设才有一种良好的心理场。

2. 真诚的生命姿态。这意味着忠实于自己的内心,素面朝天,不伪饰,不做作,不自欺欺人,不表里不一。如果一个人是有格调与品位的,率性而为、自适己意,就是一种惬意且美好的生命姿态。一个人有美的情

怀与美的境界，他自己就是最大的受益者。因为他自己总会是最先、也会是最多地领略这种美的生命姿态。真诚源于自信，源于对人的信任，源于敢于担待的品格。

3. 热情与开放的生命姿态。这意味着对外部世界保有敏感并充满探索的热望，不麻木不仁，更不冷漠无情，也不固执己见与刚愎自用，不仅能够从善如流，而且能即使对自己认同的事物也能抱以审慎的态度。有内心的温暖，有生命的温度，是一个人真正的宝贵财富。

4. 丰满的生命姿态。这意味着生活与内心的丰富，不贫乏，不单薄，更不会空虚无聊、寂寞难耐，而是有自己倾情投入的事业与爱好，并从中获得源源不绝的生命成长的养料。

向往，追求，憧憬，盼望，期待……这些词都代表着一个人积极乐观地面向未来的生命姿态。不论你从事何种职业，有着怎样的教育背景；也不论你的年龄、资历、富有还是贫困，没有向往、没有期盼，就不能赋予生命以意义。追求永恒与活在当下是一个对立统一体，没有"追求永恒"，"活在当下"就如同行尸走肉，没有灵魂。一个人有向往、有期待、有憧憬，才会有不断前行、追求卓越的源源不绝的动力。今天看到一句很有哲理的话："生死有命，富贵在心"，过去讲的是"生死有命，富贵在天"，一字之差，境界迥异。

人生最美好的姿态就是气定神闲却又步履坚定地有所执着。气定神闲的反面是心浮气躁，猴急猴急地想得到想要的身外之物，如荣誉、头衔、权位、金钱……步履坚定意味着目标清晰且值得追求，因而没有游离，没有瞻前顾后。这种美好的人生姿态需要历练。但一个人愈早能做到这一点，就愈能取得更大的人生成就。让我们用美好的生命姿态让世界变得更灿烂。

追求有价值的目标

哲人有云:"你向往什么,你就接近什么;你接近什么,你就成为什么"。换言之,一个人的追求决定了他能够成为怎样的人。假设我们能活到84岁,用一小时代表一年,一生是三天半的时间。再假设从出生直到去世,一生不停地行走,每天走一百公里。正确的方向应该是向西,可第一天一直在朝东奔走,当我们发现方向错了,三天半的时间已过去了一天。要掉转头来走,又要花上一天才回到原点。剩下的一天半时间也就能前行一百五十公里。如果一生没搞错方向,我们一生本来可以朝着光明灿烂的方向前行三百五十公里,现在却本该有的路程的一半都不到。方向错了,许多追求都是瞎折腾。

有质感、厚重的人生一定是有高远的理想与追求的。如果一个人的理想能够做到如下三个"有利于"的统一就更好:有利于个人价值的实现和幸福指数的提升;有利于国家的富强;有利于人类文明的进步。当一个人关注这些有价值的目标时,个人价值感才会比较高,精气神也才会比较好。有价值的目标与崇高的理想相关,理想的价值首先在于它能照亮现实,赋予具体的努力与作为以意义。在这个意义上说,理想就不是可有可无的乌托邦,而事关一个人生活的品质与人生的高度。当一个人真诚地关

人生才是最重要的作品

注有价值的目标并为之付出切实的努力时,声望、地位、金钱、财富这些带有世俗功利色彩的东西都会如影随形。

正如个人与社会有着千丝万缕的联系一样,个人目标与社会目标也关系复杂。个人目标更多的与个人的生存、发展、享受相关,而社会目标与社会的文明、进步有关。一个人往往存在着一个复杂的"动机圈",存在着多重目标,或者说目标系列。看一个具体的目标究竟属于个人目标还是社会目标,要考察它的最终指向。比如说"挣更多的钱",如果是为了养家糊口或个人享乐,那么它就只是个人目标。如果"挣更多的钱"是为了慈善等公益事业,它就是社会目标。在一个人的生活中,当所有目标是高度一致或比较一致时,就不会有太多的内心的价值冲突,当个人目标与社会目标严重对立时,就会有强烈的内心冲突,并表现出双重人格。一个单纯的人能拥有更多的幸福感,这是因为一个单纯的人,他的个人目标与社会目标是比较一致的,并且不需要做任何掩饰,他能做到真诚与磊落。

很多人只有个人目标,而没有明确、坚定的社会目标。这只能说明这些人的发展程度不高。追求社会目标是一个人发展的空间,也可以视为人的解放的程度——从自我本能欲望与种种局限中解放出来。只有在社会广阔的舞台上,自我才能被放大。在个人与社会作为两极的连续体中,一个人的努力究竟是朝向个人还是朝向社会,这会对他的人生境界产生决定性的影响。一个社会的文明程度其实是由朝向哪一端努力的人群数量及他们在这个连续体中的位置决定的。我们要尽可能善待那些为社会利益而努力工作的人,并尽最大努力影响更多的人为人类的福祉而劳作。这样实际上是促使更多的人有更伟岸和更辉煌的自我。

如果一个人只有坟墓作为宿命的目标，人生便会充满愁苦与哀伤。如果把永恒与不朽作为目标来追求，坟墓就不过是一个必经的驿站，人生的开阔与在精神上的永续就能让人有视死如归的气概。如果永恒与不朽太玄虚、太形而上，那可以有一些可以检测的目标：比如走遍中国的地级市或世界的主要国家。这样的目标虽然缺乏高远的意义，更多只属于自娱自乐，但是美好的人生也应该有自娱自乐。

人生才是最重要的作品

生命在于体验

　　我们的心灵其实是由各种难忘的体验组成的。我们可能有心花怒放，也可能有心如刀绞；可能有百思不解，也可能有豁然开朗；可能有一刻千金，也可能有度日如年；心灵中的每一种体验都是独特而珍贵的，正如身体中的每一个器官都是独特而珍贵的。糟糕的、平常的、美好的及各种各样的体验，让我们的生命完整而多姿。少数杰出人物还会拥有高峰体验，这是心理学家马斯洛所说的"人达到自我实现时所感受到的短暂的、极乐的体验，是一种超越时空、超越自我的完美体验。"它是一个人的"高光时刻"，庄子的"独与天地精神往来"是高峰体验，王阳明的"我心光明，夫复何求"是高峰体验，六祖慧能的"本来无一物，何处染尘埃"也是高峰体验。

　　各种难忘的体验在无形中影响和塑造着我们的生命。美好的体验、高峰体验对生命的积极意义不言而喻，我曾经看到心理学家霍金斯的能量图谱，一个拥有开悟、平和、喜乐、仁爱等美好体验的人，更有力量，更有可能走向成功与幸福。阿德勒说："幸运的人一生都被童年治愈，不幸的人一生都在治愈童年。"幸运的人一定是在童年时代就拥有许多美好的体验，这使得他们一生都对生命拥有无限的柔情与眷恋。其实，糟糕的体验，也可能转化为成长的动力，成为生命中的宝贵财富。古今中外在危机与苦难中获得生命升华的例子数不胜数。就拿席卷全球的疫情来说，它带给人的体验无疑是糟糕的，它悄无声息地把恐慌、痛苦、焦躁注入人们的心中，但是，也有许多人在这次危机中逆风飞扬，让自己的生命熠熠生辉，危机也是他们成就卓越人生的契机。因此，哲人说"所有发生，都是恩典"。

当然，发生成为恩典有个转化的问题。那么，人能转化自己的体验吗？我们再来看两个小故事：

战国时期的范雎，是一位著名的历史人物，他本是魏国人，有一次跟随自己的领导出使齐国，齐王很欣赏他而冷落了他的领导，领导忌恨在心，回魏国后就向相国诬告范雎私通齐国，相国不分青红皂白狠狠地整范雎，把他打得半死扔在茅房，让人朝着他撒尿。可以说，这是范雎的至暗时刻，他的内心体验无疑是恐惧、耻辱、痛苦和绝望的，但是他没有放弃求生的信念，在奄奄一息中请求一个看守救了他一命，并成功逃到了秦国，后来他在秦国做了相国，向秦王提出了远交近攻的战略，也对害自己的人实施了报复。

心理学家弗兰克尔，在二战时期，他被关进了集中营，在那里他经历了人间炼狱般的生活，亲眼看见了饿死、冻死、病死、打死、毒死、烧死等等悲惨景象。他内心体验到的震惊、恐惧、痛苦是常人无法想象的，但是，他坚强地活了下来，并重新爱人与爱这个世界，写出了著名的《活出生命的意义》。他提出的意义疗法抚慰了无数心灵，让人学会面对伤害、苦痛与失去，获得心灵的升华。

范雎和弗兰克尔，他俩的共同之处在于都有死里逃生的经历，都有

人生才是最重要的作品

痛彻心扉的体验，也都有万人瞩目的人生成就。但是，我认为弗兰克尔的人生境界要高很多，因为在经历苦难后他选择的是爱与奉献，创造了"意义疗法"的理论；而范雎经历苦难后选择的是恨与报复，留下了"睚眦必报"的故事。

每个人都可能经历危机与苦难，在危机之初，人的体验大致是相同的——震惊、无奈、失望、痛苦。但在历经危机之后，人的状态却可能大相径庭，一些人会麻木，一些人会沉沦，一些人会充满怨恨，一些人会游戏人生，只有少数人会获得心灵的升华，重新对世界和生活充满热爱。粮食经过酿造，可能会变成臭水、变成酸醋、变成美酒，原因在于不同的选择和转化。人经历危机与苦难，可能变成懦夫、变成魔鬼，变成勇士，原因也在于不同的选择和转化。而化腐朽为神奇的秘诀在于我们选择的是不是爱与奉献！所以，罗曼·罗兰说"世界上只有一种英雄主义，那就是看清生活的真相后，依然热爱生活。"这是最高明的选择，也是最美好的奖赏。这是少数杰出人物发现的生命秘密：危机和苦难可能会拿走你很多东西，但它唯一无法拿走的是你内心自主选择的、永不熄灭的热爱。

生命在于体验，丰富、深刻、非凡、美好的体验，是一个人智慧的巨大源泉，也是一个人幸福人生的巨大源泉。有一种生活哲学强调"重要的不是生活得最好，而是生活得最多"，人生真正的财富一定包括真切的、深刻独到的、丰富的生命体验。

生命的圆融

汉语中用"生老病死"来概括一个人的一生，这可能是受汉语四字表达的习惯的影响。其实，"生老病死"不足以概括人的一生。不妨用汉语中富有韵律的七个字来表达：生、长、婚、育、老、病、死。生，即诞生、出生。一个人生在何时，生在哪个地方，生在一个怎么样的家庭，这都会在很大程度上影响一个人的人生。长，即成长。在怎么样的环境中，受到什么样的教育，家长对孩子有怎么样的期待，都会影响到一个人能成为一个什么样的人。婚，即结婚、成家，与另一个人建立起亲密关系。育，即生育养育下一代。这不仅关系到人类的繁衍，也在很大程度上关系到个人人生的丰富性。老，即衰老。人不可避免要老去，这不仅影响到人的行止，也会影响到人的思想与情感。病，即生病，患病。病痛是人生的一部分，它丰富着我们对人生的体验。死，作为人生的终点，这是所有人都不得不面对的，"向死而生""视死如归"是一种境界与气度。

人的一生也大致可分为这样四个阶段：一至十八岁，属于幼少时期。这一时期，主要的生活方式就是"玩耍与学习"。玩耍、游戏，在儿童的成长中至关重要，它是模拟，也是探索，是儿童非常重要的学习方式。在玩中学，比单纯的"读"课本更有价值，因为，人的一生中最宝贵的是一

颗开放和乐于探索的心。这需要在儿童时期的游戏中培育。第二个时期：青年时期。大体上从十八到四十五岁。这个时期主要是学习、成家与立业。这一时期的学习应该是更艰深、更自觉、更有明确目标的学习，它与"立业"：即建功立业息息相关。这决定着一个人在世界的位置。其实，相当多的人，终其一生，既未立业，更未建功。作为一个人，消费多于生产与建设。好社会一定是因为有更多的建设者：从制度到基础设施，从精神到实物。第三个阶段：中年时期。从四十六至六十五。在一个社会中，中年人的分化往往比较大。有的人的中年体面、自信满满、沉静雄浑，而有的人则失落、颓废、未老先衰、得过且过。这与一个人少年时的立志、青年时的奋斗息息相关。最后一个阶段就是老年时期。对多数人而言，老年问题主要是健康与孤独的问题。而健康既与遗传有关，更与生活方式有关。所有人都有老去的那一天。如何安放自己的老年，其实，在年轻的时候就该关注。"健康、目标、亲密关系、兴趣爱好"这四者是安放老年岁月的法宝。

　　人生中有许多美好的东西：健康，智慧，财富，闲暇，权力，成就，声望，爱情，亲情，友谊，高贵的教养，个人魅力等。这么多好东西，一个人要同时具有其中的五项，就很不错了。通常的情况是有健康的人，不见得有财富与权力，而有财富与权力的人，不见得就有闲暇与智慧；有闲暇与智慧的人，不见得就有爱情与友谊；有爱情与友谊的人，不见得就有高贵的教养与个人魅力……即使这些都拥有，最终也都会丧失健康并撒手人寰。大概也正是在这个意义上，罗曼·罗兰才说："世界上只有一种真正的英雄主义，那就是在认清生活的真相后依然热爱生活。"(《米开朗琪罗》),李叔同先生才会有"悲欣交集"的大彻大悟。

"生命的圆融"是许多人向往的人生境界。到底何谓"生命的圆融"?在回答这个问题时,我会想到《红楼梦》中的贾母:她以83岁高龄去世,晚年锦衣玉食,雍容华贵,儿孙绕膝,颐养天年。她几乎在所有事情上都没有过激的表现,但对任何细小的事情都有敏锐的洞察,观点也比较接近现实,而且也具有人性的温暖和美好,很好地做到了"世事洞明皆学问,人情练达即文章"。这一切说明她一生生活富足、身体健康、其乐融融、心态阳光。因此,在我看来,"生命的圆融"一定包括"身体健康、物质优渥、人际和谐、心态阳光"四个互为条件、互为因果的方面。

一个人如何才能达致"生命的圆融"?我以为,个人的修为固然重要,更重要的是社会的文明、繁荣与进步。不妨想想:贾母生命圆融的背后是多少夭折的儿童,多少面黄肌瘦的孕妇,多少衣衫褴褛的纤夫,多少无家可归的老妪,多少孑然一身的流民,多少呼天抢地的冤魂,多少郁郁不得志的文人,多少钩心斗角的官吏……社会是众生发展的舞台,建设好社会,对每一个人,尤其是对底层民众,十分重要。一个社会的精英分子,只有当他总是自觉地在为社会的建设贡献智慧与力量时,他才是真正令人敬重的人之模范。

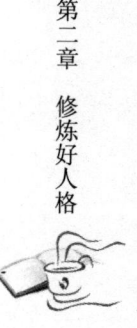

第二章
修炼好人格

　　决定人生成败的不是智商，更不是学历，而是个人品格。一个人如果没有好的品格，所谓的"辉煌""得势""红火"，统统都不过是暂时的、侥幸的事，而败落、窘迫却是必然的、迟早的事，几乎很少有例外。而对一个有着良好品格的人来说，成功或许会迟到，但一定不会缺席，他们才会真正成为人生的赢家，他们是幸运的常青树。

健康人格是美好人生的基石

"性格决定命运",这是至理名言。性格之所以会决定命运,是因为在诸多事情上,你作出的反应和选择,很大程度上受性格的影响。因此一个人的性格对他的职业、配偶、人际关系、人生成就和幸福人生都有至关重要的影响。比如做学者需要求真务实、客观理性和严谨执着的人格品质,而不需要圆滑世故,不需要八面玲珑。做官员则需要稳重沉着、善于变通、勇于担当、既有感召力又有亲和力。修炼好自己的性格是一生的功课,每个人都可以也应该变得更好,而自己会是这一努力的最大的受益者。

一个人的人格魅力即一个人令人尊敬和喜欢的人格特质。美国《福布斯》杂志专栏记者奥利维亚·卡巴恩概括出个人魅力的三要素:专注、力量与温情。这三者都属于人格的魅力。所谓"专注",即对他人表现出的全神贯注,它是魅力的核心元素,是其他一切的基石。我们不会觉得一个目光游离不定,散漫,心不在焉,麻木不仁,萎靡不振的人有魅力。"力量"主要体现在影响他人的能力。一个德高望重、光彩照人、气宇轩昂、见识超群的人,我们会觉得他富有力量。"温情"就是对他人的善意,它体现着一个人的亲和力。有力量却缺乏温情的人会让人觉得自大,冷漠,

人生才是最重要的作品

高高在上,拒人于千里之外。

有人总结出"成大事者:简单、正直、无私与坚韧!"。简单,可理解为朴素、单纯、直率和坦诚,没那么多故作姿态,煞有介事,更不会处心积虑、自欺欺人。简简单单、本本分分地待人接物、立身行事,表里如一,知行合一。正直,就是什么时候都不会昧着良心说话、做事,坚持明辨是非、服膺真理。中央电视台的《生活早参考》讲了一代"赌王"尧建云的亲身经历:尧建云曾靠抽老千在赌博时赢了很多钱,但在一次豪赌中他抽老千被人发现了,按江湖规定,砍掉了双腿和三根手指,他才真正懂得"江湖险恶,好自为之"。任何不义之财只能给人带来灾祸而不能带来福祉。一些靠欺诈、蒙骗而在一段时间内获得了钱财的人,最终的结局都好不到哪里去。一个有真本事的人不需要也不屑于靠不正当的手段获取不义之财,而没有真本领的人想靠不正当的手段可得逞于一时,而不可能得逞于永远。做一个正直的人永远不会错。无私,就是指不仅仅关注自己的利益,不会想着占别人的便宜,更不会违法地贪污、受贿。坚韧,就是坚持不懈、有毅力、有恒心、不会一曝十寒、浅尝辄止。一个人要真能做到这四点,他一定会有美好人生。成功,不过是美好品格的副产品。

1952年,美国著名小提琴家梅纽因到日本演出,听说有一个擦鞋童为了听他的音乐会,想方设法凑钱买了一张最便宜的票。谢幕后,梅纽因穿越了贵宾席上社会名流的盛情簇拥,径直来到低档席,找到了那位擦鞋童轻轻地问他需要什么帮助。孩子羞怯地说:"我什么都不需要,只想听听你的琴声。"梅纽因的泪水夺眶而出,一把搂住衣衫褴褛的孩子,把心爱的小提琴送给了他。30年之后，当梅纽因再度访日演出时，又想起了当年的情景，他想方设法找到了在一家贫民救济院工作的小知音。梅纽因得知，30年来尽管小知音的生活清贫、坎坷，却多次决然地拒绝了想以高价购买琴的人。这次会面，他仍和第一次一样回答梅纽因："我什么也不需要，只想听听你的琴声。"梅纽因默默地接过那把阔别30年的旧琴，奏起当年的那支旧曲，所有在场的人无不落泪。

　　这故事中的大人物与小人物身上都有着一种高贵的人格：前者谦恭、仁厚；后者自尊自爱。发展得比较好的人都是如此，他们都比较开朗、坦诚、磊落、待人真诚。相反，那些说话躲躲闪闪、欲言又止、敷衍糊弄的人，都不太行。为什么呢？因为坦诚的人，更有判断力，人格也更健康，因而更容易赢得别人的信任，从而赢得更多的资源与机会。人与人之间是相互的：真诚会赢得真诚。

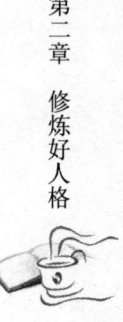

人生才是最重要的作品

健康人格的关键指标

何谓健康人格？许多心理学家如马斯洛、罗杰斯、塞利格曼等都提出过关键指标。在"研究了整个世界横跨3000年历史的各种不同文化后，我们归纳出以下六个放之四海而皆准的美德：智慧与知识、勇气、仁爱、正义、节制、精神卓越。虽然每种文化在美德的细节上各有不同，但它们都有一些共同点，而且这些共同点使我们更加相信：人类是有道德的动物。"(《真实的幸福》，【美】马丁·塞利格曼 著，万卷出版公司，第139页）这与孔子提出"天下三达德：智、仁、勇"有异曲同工之妙。缺乏智慧，不辨真假与忠奸，就属于糊涂乃至愚蠢，仁爱之心也可能为奸佞小人所利用，其"勇敢"也不过是匹夫之勇，是鲁莽、是莽撞。缺乏仁爱，聪明伶俐就会显示出狡黠和奸诈，而"勇"就可能沦为狠毒与凶残。缺少勇敢，就会患得患失、优柔寡断，显得懦弱和小气，智慧的锋芒也会委顿，所谓仁爱也只能是妇人之仁。一个具有智慧、充满仁爱、勇敢无畏的人，才真正的伟大、可敬且可爱。

依据国内外人格心理学家的研究，结合个人的生活经验及对社会的有限观察，我们认为"健康人格"有这样一些关键指标：

1. 乐观。它相对于悲观，即能正面地看问题，习惯于从情境中发现积极因素。

2. 开朗。它相对于自闭，即乐于与人打交道，乐于分享，乐于表达和沟通。

3. 主动。它相对于被动，一个具有主动性的人，会获得更多的发展机会与资源。

4. 自信。它相对于自卑，自信可以成为追求成就和卓越的内驱力，而自卑会给人消极暗示。

5. 友善。它相对于敌意，一个友善的人会更有亲和力，人际关系自然也会更和谐。

6. 热情与温暖。它相对于冷漠，生活中，人们在热情对待他人、温暖他人的同时也温暖了自己。

一个人的人格可以从很多方面表现出来，而不同的方面存在着内在的相关。一个有着健康人格的人，一定比较纯粹而真诚，在与人交往时，不太可能虚与委蛇、装腔作势，更不可能低三下四、自轻自贱，当然也不会狐假虎威、欺软怕硬。如果一个人的学识没有转化为正直与善良的品性，那他的学识就仅仅停留在"术"的层面，而没有上升为"道"。《中庸》中讲的"尊德性而道问学，致广大而尽精微，极高明而道中庸"，很好地意识到了人格修养与学识修养，博大与专精，伟大与平凡的内在关联。

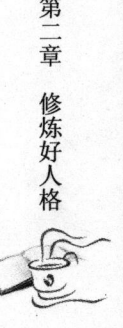

人生才是最重要的作品

成长经历影响健康人格的形成

健康人格的成长有两条主线：一条是"敬畏感——羞耻心"，一条是"自豪感——同情心"。一个人没有敬畏感，就不会有羞耻心，没羞耻心就不会有道德底线，一个人如果天不怕、地不怕，那这个人就会很可怕。一个人的自豪感可以来自很多的方面，而对所有的人来说都有的一点是：作为人类的一员本身就是值得无比自豪的事情，活着本身就有着无尽的美好，而任何人都和我们每一个人一样，我们都可以推己及人、将心比心，这也是孔子所说的仁爱之心。

那人格的形成是由什么决定的呢？主要是由个人的成长经历决定的。一个人在成长过程中能否得到无私的、成熟的爱，有决定性的、持续性的影响力。唯有爱能够培养人的心理安全感、自尊心和自信心，从而影响他对人的信任感以及能否和他人建立起亲密关系。成长经历主要源于家庭养育方式和家庭人际关系。其中，父母的婚姻质量又尤为重要。另外，师生关系，同辈群体的关系，学业成败都会影响其成长经历。当然，人格也部分受到遗传因素的影响，其影响程度因人而异。

父母对孩子实施的家庭暴力非常不利于孩子健康人格的形成。有一个在惨遭家暴践踏的境遇中长大的姑娘，她的父母受教育程度较低、性格暴躁，夫妻几乎天天吵架，并将对生活的不如意发泄在孩子身上，打骂孩子是家常便饭。姑娘父母的所作所为致使她性格极端偏执、扭曲，极度缺乏安全感，极强的控制欲，严重的双重人格。她几乎没有发自内心的爽朗的笑，多是苦笑与讨好别人的假笑，和男友相处几乎都以分手告终。作为父母，用家暴虐待孩子无异于犯罪，因为他们不仅在制造一个注定只能拥有悲剧人生的人，也在给这个社会增添一个潜在的破坏者。

人格与文化环境之间存在着一种相互形塑，彼此强化的关系。一个文化环境中被崇尚、被鼓励、能够给人们带来好处的行为会逐渐凝固在国民的人格中，这样就形成了所谓的国民性。比如，许多国人大多习惯于用金钱、人情关系来获得自己想要的，包括减少刑期，减轻处罚之类的事。每一个人的行为都会或多或少受到文化环境的影响，环境中他人的态度和行为是一个比较重要的因素，如果周围的人，素质比较高，对人充满信任，体恤，友善，热情与温暖，绝大多数人也会表现出这样一些品质。这告诉我们一个道理，让我们生活中的更多的人变得可爱一点，是一件对所有人都有意义的事，因为每个人都是构成他人生活环境的一分子。我们应该向生活的世界释放和传递更多的积极信息，包括对一切美好的人、事、物的欣赏、赞美与感恩，对人的信任和成就美好的乐观期待，对人类文明进步的热情讴歌……

一个受过良好教育的人更有可能具有健康的人格、正确的价值观和阳光的心态，因而也就更有可能成为幸福人生的创造者。受到良好的教育意味着开掘出了人的精神需要，建立起了独立自主的自尊与自信，能够悦纳自我并对人类有一种自然而然的亲切。生命教育作为促进人的生命成长的教育，其核心的着力点就在于健康人格的培养。

人生才是最重要的作品

善良是一种高贵

"天道酬善",这句话似乎有点神秘色彩,但是极具真理性。这背后的原因在于:因为你的善良,就少有人和你作对,当你有什么难事时,别人也乐意伸出援手;另外,因为你的善良,你就能吸引美好,赢得机会。人与人之间从来都是相互的,谁也不傻。你怎么待人,别人就会怎么待你。作为对你的善良的回报,上天会让你遇见天使,感受人间的诗情与春天。当然,上天或许也会让你见识魔鬼,但那只是为了在你的心中衬托出天使的圣洁与美丽。

关于"善良",可以有许多的内涵,包括"成人之美,不成人之恶;不贪图不义之财;宽恕别人的错误;对别人的苦难有深切的悲悯……"对别人好其实就是对自己好,所谓"好"就是成人之美,就是力所能及帮助别人,就是尽可能带给别人积极的影响:鼓舞、感召、启迪、指引、规劝、忠告、鞭策、推动……其实,这条真理我们的祖先早就总结出来了:种瓜得瓜,种豆得豆。善行与恶行不同的不仅仅是结果,也包括过程。善行会提高人的自我评价,让人有更积极的情绪体验,从而可以提高人的免疫力。

善良的人,看上去会比实际年龄年轻一些。原因何在?因为善良的人，也一定是比较单纯的人，在他的心中，很少有钩心斗角、投机钻营、处心积虑，更不会居心叵测、心生歹念。内心纯净，气场就会更良性，心态就会比较阳光，积极的情感体验就会更多。与此相关，善良的人，对外部世界的信任感比较高，从而安全感就比较高，内心的负担与压力就会相对较小。另外，善良的人，人际关系会更好，这对身心健康殊为重要，身心健康就会显得更年轻，这大概也可以作为"善有善报"的一个证据。

《小苹果》中有句歌词："春天又来到了，花开满山坡，种下希望就会有收获"。"希望的种子"都有哪些呢？无疑包括善行与善念。它最终会生长出友谊、爱情，还有机会与舞台，以及美妙的感受。希望的种子是我们自己可以培育的，可那些以罪恶为资本来攫取利益的人，他们聚集的只会是荆棘。最终他们必将为自己的人生之路埋下种种隐患。南方的一所著名大学有个什么"长"，"年薪百万，没上课全院教学酬金他最多，一点儿小钱也要""在院里一手遮天""天天拿长江学者当他获得各种利益的借口"……这是他的同事对他的评价。前不久，他被撤职了。正是应了古人说的"善恶到头终有报，只因来早与来迟"。

在一个人身上，聪明与善良结伴，既可以成就智慧，也可以造就高贵。这个世界上，有许多人聪明有余而智慧不足，原因在于善良的含量不高。人生的成败，不在于一个人有多聪明，而在于聪明又善良，即智慧。有智慧的人，虽不敢说会天下无敌，但一定会广受人尊敬和欢迎。而人世间聪明反被聪明误的例子不胜枚举，他们的问题在于决不肯承认自己的不善良，他们不仅认识不到自己的不善良，更不会觉得善良有多重要。

一个人怎么能变得善良？除了环境的因素，每个人自己有很大的求取

空间。台湾美学家蒋勋的诗《祝福》中写道:"感觉生命的残酷,还愿意相信善良的,请受我深深的祝福"。残酷,它有时会跳到人们的面前露出狰狞的面目,而善良有时会迟到,却永远不会缺席。善良的人是幸运的,也是灵魂高贵的人。如果你热爱生活,那就努力做一个善良的人。

勇敢才有"精气神"

"智、仁、勇，天下三达德也"，大意是说：智慧、仁爱、勇敢，是这个世界上最光明和最重要的德性。在全球范围内的各大文化圈，对于共同推崇的美德，智慧、仁爱、勇敢，都排在前三位，可见"人同此心 心同此理"。

勇敢，之所以值得特别推崇，是因为它与人的尊严息息相关，勇敢的对立面是懦弱、怯懦，是胆小怕事，是贼眉鼠眼，是逆来顺受，是忍气吞声，是仰人鼻息的依附，是低眉顺眼的屈服，这些都是缺乏尊严的生命状态。自古以来，多数中国人都生活得比较委琐：这也不敢，那也不敢，只有在生不如死、被逼无奈时才会揭竿而起。推翻了旧王朝，新王朝却更为专制、残暴，几千年就这么更替着。在建设新中国的今天，我们特别需要强调这"八个敢"：敢想敢说，敢作敢为，敢恨敢爱，敢生敢死。一个人如果不敢想，就不会有丰富和深刻的内心，更不会有创新与超越；如果不敢说，就会丧失许多获得修正与丰富观点的动力与机会；如果不敢作敢为，就永远与成功无缘，也不会获得丰富、深刻的人生体验；如果不敢恨敢爱，就不会有鲜明的道德感和个性魅力，就是乡愿；如果贪生怕死，就是懦夫与生活的逃兵。

人生才是最重要的作品

勇敢，与责任担当相关，与看淡得失乃至生死相关。勇敢，既可以表现为仗义执言，也可以表现为见义勇为，还可以表现为"宁为玉碎，不为瓦全"。可见，勇敢的背后是有"道义"的支撑，而非粗鲁的匹夫之勇。中国传统中也非常重视道义的力量。这种力量存在于历史的记载与评论中，存在于民间传说中，存在于文学创作中，存在于清廉正直的官员的操守中。东汉的刘宠，北宋的包拯，明朝的于谦与海瑞……他们成为与日月同辉的伟大人物。"文官不爱钱，武官不惜死，不患天下不太平"，古人对太平世界理解虽具有历史的局限性，但他所强调的清廉与勇敢，道义与担当，对于所有人来说，都是极其宝贵的品质。

勇敢所表现出的勇气，是一种浩然之气。它内蕴着谨慎，也饱含着远见卓识。在很多时候，真理常常只是一个勇气问题。在社会生活中，如果你站在正义一边，你就可以理直气壮地发声。理直，气就可以壮。尽管在某一时刻恶势力会很嚣张，但他们会感到心虚。因为，人类文明积淀会使得邪不压正，这也是人作为万物之灵，作为精神的存在的一个证明。因此，如果你确信，你是与真理为友的，那你就听从自己的内心，不卑不亢地表现自己。你的表现就是你的存在价值。如果一种势力，害怕民众的觉醒与勇敢的精神，它一定在很大程度上具有不义的性质。极权主义的秘密之一就是极力在人们的心中制造恐惧。

真诚而勇敢地生活，是一种高贵而纯美的生命姿态。一个人，不论身体如何的健壮，如果缺少了现代公民当有的勇气，那也只是行尸走肉而已。我们的教育要造就"有胆、有识、有情、有义、有趣"的人，我们中的多数人也都可以通过自己的道德勇气、胆识、坚持和更多自觉的努力来成就自我。既然我们不管怎么活，一生最多也就三万多天，那为何不活得挺拔一点，率性一点，高昂一点，大义凛然一点呢！人类社会中一切美好的东西，几乎都要靠我们争取。小时候我就知道一句格言：困难像弹簧，你弱它就强。很多人的弱小，一定程度上是因为他们的自我暗示中选择了软弱。

第二章 修炼好人格

人生才是最重要的作品

诚实地面对自我和世界

　　诚信、诚敬、诚实、虔诚、挚诚,在中国文化中自古被高度推崇。《中庸》里讲:"诚者,天之道也。"诚是天道,是最根本的规律。对于最根本的规律,人最好的办法是遵循,而不是违背。《中庸》里讲:"至诚如神。"只有极其诚实的人才能充分发挥自己的本性,赢得他人的支持,充满神奇的力量,让全世界都让路。《中庸》还讲:"诚则明矣,明则诚矣。"诚实就会明白事理,明白了事理就会做到诚实。真正诚实的人是聪明的,真正聪明的人也是诚实的。

　　完全可以说,一个人生命的成长、事业的成功、内心的安宁以及人生的幸福都离不开诚实,但古今中外,不诚实的人,比比皆是;大千世界,不诚实的现象,时时发生。比如《扁鹊见蔡桓公》中的蔡桓公,明明有病,拒不承认,结果一命呜呼;比如《狼来了》中的牧羊娃,自作聪明,故意撒谎,结果损失惨重;比如《皇帝的新装》中虚伪的官吏和麻木的大众,无中生有,异口同声,结果是小人得逞,国王丢脸……

　　从这些故事中可以看出,不诚实的代价是巨大而沉重的,它害人害己,轻则造成自己丧失信用,重则危害社会,甚至导致人员伤亡。即便没有造成任何可见的危害,即便可以隐瞒所有的人,一个人最终还得面对自己的内心，他无法隐瞒自己，那种不诚实的感觉会日夜侵蚀他、撕咬他，让他难以获得真正的喜乐和幸福。

诚实这种品格会通过许多生活细节表现出来，比如说话或文字表达。一年一度的高考来临时，有人说，"广大的莘莘学子又要奔赴考场了"。这么说的人一定是对"莘莘学子"一词并不真正理解，而是望文生义、弄巧成拙了。"莘莘"是众多的意思，而不是有人想当然的"勤勉，刻苦努力"的意思。如果一个词你不能确认它的含义，最好查一查以准确地掌握其含义，从而精准地运用，这也是一种诚实。如何真正做到诚实呢？可以从以下方面着力：

一是不忘初心。初心就是充满良知的心，就是天真纯朴的心，就是坚定地信奉爱与善的心，也就是赤子之心。孟子说："大人者，不失其赤子之心者也"，泰戈尔说："他们不寻求隐藏的财宝，他们不知道如何撒网"。可以说，不忘初心就是最大的诚实，也会带给我们最大的收获，俗话说"傻人有傻福"就是这个意思，"傻人"不是真的傻，他们只是一以贯之地遵循了"诚实"这个天道。

二是实事求是。诚实的人"不唯上、不唯利、不唯书，只唯实"。他们不会打肿脸充胖子，不会睁着眼说瞎话，更不会昧着良心撒谎欺骗，他们只是依据事实，呈现真相。就像童话故事里那个"手捧空花盆"的孩子，虽然在鲜花簇拥的孩子中，他显得另类和落寞，但他没有弄虚作假，没有欺上瞒下，他的花盆中没有鲜花，但他的诚实就是一朵最美的鲜花。

三是知错能改。诚实的人不是不犯错，而是能够坦然面对和承认自己的错误，并及时改正。诚实的人也不是一定"言必信，行必果"，而是

"言不必信,行不必果,惟义所在。"谁都不能保证自己的言行完全正确,时时正确,最好的态度就是知错能改,而不是文过饰非。相反,虚伪的人才会死要面子,死不认错,死扛到底。他们固执己见,有了错误后,不是想着改正,而是掩饰、推脱、辩解甚至错上加错。结果总是昏招迭出,满盘皆输。

诚实与"率真、直率、磊落、对人信任、敢于担待"高度相关。一个内心干净的人,一个淡泊名利的人,一个具有良好的判断力的人,往往都比较诚实。人与人之间的交往,尤其是思想交流,如果缺乏诚实,如果充斥着套话、假话、空话,那不仅会推高人际交往成本,也会虚掷光阴。其实,生活可以很简单,内心也可以很纯净,交流自然也可以很坦诚。《中庸》里说:"唯天下至诚,为能经纶天下之大经,立天下之大本,知天地之化育。"孟子说"反身而诚,乐莫大焉"。陶行知先生说:"千教万教教人求真,千学万学学做真人"。诚实地面对自我和世界,我们就有了蓬勃的生命活力,我们就找到了成就生命的秘诀。

心存感激

表达感恩是人类情感生活的一种普遍需要。有人发现:"因为有你,心存感激",恩,正好上面是"因",下面是"心"。一个人如果真能做到"念人之恩,敬人之长,谅人之短,容人之过",那他一定能够赢得朋友,赢得追随者,富有领导力,个人的生活满意度也会比较高。

我们应该心存感激,对我们拥有的一切。

我们生活在先辈们用智慧和汗水改变了的世界中,我们远离了愚昧与野蛮,远离了茹毛饮血、风餐露宿的时代……我们应该对我们的先辈心存感激。

我们不必去捕鱼狩猎,却能品尝美味佳肴;我们不必去采桑织布,却能享受锦衣华服……我们应该对我们的同辈人心存感激。

当我们还是襁褓中的婴儿时,我们是极易夭折的;当我们青春年少不谙世事时,我们也极易误入歧途。今天,我们能强健而正直地生活着,我们应该对那些在我们生命历程中用关爱扶持我们的人,用智慧启迪我们的人,用美德陶冶我们的人,用真情沐浴我们的人,心存感激。

多一份感激,就少一份贪婪与抱怨;多一份感激,就少一份自大与冷漠;多一份感激,就少一份苛刻与虚荣;多一份感激,就少一份索取,多

一份奉献。

　　心存感激，是一种朗朗的心境，是一种人性的光辉，天空因此而变得湛蓝，空气因此而变得湿润，美好的事物，因此而变得离我们很近，很近。

　　受人恩惠，心存感恩、常思回报之人，一定是有福之人。古人云："滴水之恩，涌泉相报"。有人对别人的付出，总觉得似乎是理所当然的。这样的人缺乏善念，不值得深交。

节俭更能感受内心的富有

司马光在《训俭示康》中有一段特别精彩的表达:"夫俭则寡欲,君子寡欲,则不役于物,可以直道而行;小人寡欲,则能谨身节用,远罪丰家。故曰:'俭,德之共也。'侈则多欲。君子多欲则贪慕富贵,枉道速祸;小人多欲则多求妄用,败家丧身;是以居官必贿,居乡必盗。故曰:'侈,恶之大也。'"中国的古圣先贤教导人们力求节俭力戒奢华的名言警句很多。在先哲们看来,节俭还是奢华与人的品格有关,其实,俭还是奢,还与一个人内心的富有还是贫困有关,从而影响到他对生活的满意度。一个节俭的人,会有更多的时机感觉到内心的富有,一个侈靡的人更可能是一个欲壑难填的人。因此,他便会更多地感觉到入不敷出,从而让他感觉总是生活在贫困之中。当一个人拥有的多而需要的少时,他便会有富有的感觉,反之,便会有贫困的感觉。

直到20世纪末,中国一直处于"匮乏经济"的状态,"知足常乐"是这种背景下人们节制欲望所需要的观念。物质的匮乏当然不是一件好事,但知足常乐的心态即使在丰裕经济背景下也仍值得提倡。理由就在于对物质的过分贪求会转移、冲淡和遮蔽对于精神的追求。伟大的爱因斯坦一生都生活在物质比较丰裕的境遇中,可他从未沉溺于对物质的享受,他一直

过着比较节俭的生活。今天中国少部分人在物质上已经很富足了，可精神的富足却很成问题，这与他们沉迷于物欲有很大关系。财富的积累并没有提升一些人的生活品质，倒像是使他们坐上了旋转木马："坐在木马上的人周而复始地旋转，永远只能看到彼此的背影，距离那么近，却怎么也触不到"，他们始终被外力驱使与控制着。刈除生活中那些多余的东西，方可轻松惬意。许多人缺乏节俭的智慧，拥有却也被拥有，茫然地度过了沉重的一生。

　　珍惜万物，哪怕是一滴水，一张纸，都不要无端地耗费。这与贫富、金钱无关，与人的品格有关。节俭的人往往慷慨，奢华的人却往往吝啬。貌似矛盾，实则体现了一个人的品格的统一。节俭，是一种自觉的选择，是你有经济能力去过很奢华的生活，而选择低调、俭朴、简单，比如说你可以购置豪车，但你出行时，仍然选择坐公交。这样的人往往更乐于给予他人，表现出慷慨。而那些不懂得惜物的人，热衷于发泄物欲，挥霍浪费而毫无愧意，这样的人往往缺乏给予的能力，因而对他人，尤其是陌生人，从来不舍得给予。惜物、节俭、慷慨、给予，这都是伟大的品格。朴素和节俭之所以值得提倡，不仅是可以减少资源消耗，从而保护环境，更可以让我们的内心不受物欲所累，清爽我们的灵魂。

人在勤奋时是美丽的

"天道酬勤"这个成语人们耳熟能详。《易》里讲到"劳谦君子,有终吉",韩愈曾题词"天道酬勤"勉励后来者。一个人勤奋、勤劳,同时还很善良、心中充满善意,他的人生一定会很不错。

"天道酬勤"究竟是人们的祈愿还是社会生活的规律?二者都是。人们希冀所有的人所有的付出都能得到回报,而现实也大概率如此:有耕耘就会有收获。"天道酬勤"似乎标示着有一种神秘的力量,她会奖励那些愿意付出努力的人,即所谓的"人做着,天看着"。而如果去除神秘主义的解释,那就是在某个方面的努力,会积淀成为一种气质与性格,并同时会使一个人在某些方面的能力更卓越,而这自然会被他人认识到。勤劳勤奋,意味着乐于持之以恒地付出,不偷懒,不懈怠。它作为一个人的品格,即使在游山玩水时也可以反映出来,比如勤于记录,勤于积累,勤于做功课。

"勤奋"的精神元素,我们可以从其"对立面"里面去找寻。它的第一个对立面是浑浑噩噩,无所事事,随波逐流。因此勤奋意味着有明确努力的目标,目标愈具体、愈有感召力,方向就愈明确,奋斗的动力也愈大、愈持久。勤奋的第二个对立面是懈怠、懒惰、贪图安逸。因此"勤

奋"的第二个元素是努力、拼搏、吃苦耐劳、肯付出。"勤奋"的第三个对立面是一曝十寒、没有恒心毅力、急于求成、轻易放弃。因此"勤奋"的第三个元素就是"不折不挠、持之以恒、掘井及泉"。"勤奋"是一种精神,也是一种人格品质。一个优秀的民族一定有较高比例的勤奋的人。

俗话说"吃得苦中苦,方为人上人"。如果把"人上人"理解为"卓越的人""优秀的人""杰出的人",这句俗语还是很有意义的。任何人的成长都需要勤奋,尤其需要坚持不懈、持之以恒的"咬定青山不放松"的毅力。要成为一个行业精英,对于自己所从事的工作领域,需要掌握其概念、命题、发展历程、文化环境等相关因素、实践策略及操作流程,而这些都离不开勤奋的学习。我们可以把"成功"定义为"成长的质变","成功"有大小,但几乎没有不需要付出勤奋的成功。"吃苦"则意味着自觉地走出舒适区,与懒惰、懈怠、耽于享乐作斗争,在艰难困苦中砥砺前行。年轻时吃点苦是有价值、有意义和有好处的。"年轻时没流的汗,老了都会变成眼泪流出来。"贪图安逸的年轻人不仅没有出息,而且也可能预示着他有一个凄苦的晚年,这也是人生很大的不幸。

俗话还说:"男人怕懒,女人怕贪",这话很有道理。男人就应该勤奋、努力、拼搏、进取,在广阔的人生舞台上展示力量与智慧之美。吃得苦,霸得蛮,百折不挠,坚韧不拔,这是男人应具备的品格。而女人,素净、贤淑、朴实、节俭,这些品质很宝贵。一个贪慕虚荣,贪图享乐的女人,不仅易于出卖灵魂,也容易出卖肉体。勤奋是男人的美德,而朴素则是女人的高贵。而且,朴素的女人几乎都很勤劳,都能勤俭持家。

在这个世界上,有人是幸运儿,有人却是倒霉蛋。这背后的原因,经常既说不清也道不明。人，唯一可以做到的，就是对自己的要求："日行一善，日诵一诗，日识一人，日理一事，日拱一卒，日作一文"，这"六个一"，许多人努力一下大体上是可以做到的。人在勤奋时是美丽的，正是这种品格，使人会赢得他人的信任与尊重，也会使人赢得更多的机会。

人生才是最重要的作品

主动、专注与坚毅

一个在事业上有卓越成就的人，一定既具有主动性，又具有自制力。这就意味着这类人既有强烈的成就动机，又有很好的自我约束能力而不放纵自我。主动性和自制力都很强的人，也往往容易生发出专注与投入的品格。日本著名作家村上春树说："没有专注力的人生，就仿佛大睁着双眼却什么也看不见。"

专注、恒心、毅力、忠诚……这些品质之间有高度的相关。它们会影响一个人的信誉以及个人魅力。一个对很多事情都采取敷衍态度的人，一个经常更换手机号码的人，一个在哪个岗位上都干不长久的人，更不用说拈花惹草、水性杨花、朝秦暮楚、见异思迁的人，在个人信用上都会大打折扣。那些坚持不懈、持之以恒、经年累月、严肃认真地努力做好一件事情的人，不仅值得信任，也会更具个人魅力。尽早做好个人的生涯规划，专注于自己的人生目标，有助于提高生活的满意度，也有助于培育个人坚毅的人格品质。

俗话说得好："艺痴者技必良"。对一门艺术或是一种美好的事物有一种近乎痴迷的投入与倾注，是修炼出有深度的心灵的必要功夫。清代思想家阮元（1764—1849），在经史、数学、天算、舆地、编纂、金石、校勘等方面都有着非常高的造诣,被尊为"三朝元老,九省疆臣,一代文宗",他曾告诫世人:"立志宜思真品格,读书须尽苦功夫"。一些人一生多是饱食终日,无所用心,从不曾钟情过、痴迷过任何有益身心和家国之事,这样的人生必定是粗糙的、荒芜的。专注于一件力所能及的有价值的事,比如古诗词的研究,某类物件的收藏与鉴赏……持之以恒,天长日久定会给自己的人生增添一抹绚烂的亮色。

孟子说:"有为者辟若掘井,掘井九轫而不及泉,犹为弃井也。"(《孟子·尽心上》)意思就是说,做事情好比挖井,挖得很深还见不到泉水,仍是一口废井,做事情贵在坚持,要持之以恒而不要半途而废,否则就将功亏一篑、前功尽弃,挖了半天不过是挖了一个小坑。很多人的人生,属于挖坑的人生,就是做什么都三心二意,浅尝辄止,缺乏持续的努力和扎实的积累。他们挖的坑里也可能有点水,但它不纯净,甚至又脏又臭,成为蚊蝇滋生之地。既坑了别人也坑了自己。只有极少的人是掘井的人生,他们在一个方面上不懈地努力,持之以恒,把一件事情做到极致,充分发挥自己的潜力,成为行业精英和翘楚。

做一个主动、专注、坚毅的人,掘井及泉,直到最后终于有一泓清泉喷涌而出且永不停歇地汩汩流淌。

第二章 修炼好人格

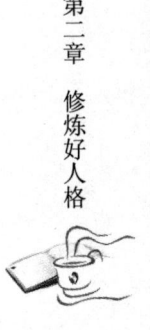

第三章
建构好关系

在这个世界穿行，你会遇到形形色色的人：真人、美人、善人；智者、仁者、勇者；知己、知音、同道；故旧、乡党、邻里……也会遇到骗子、流氓、地痞、无赖；市井小民、贩夫走卒；遇到对手、仇家、敌人……不要制造冲突，但也没有必要回避冲突。因为，冲突有可能让你看清世态人心，还可能烊取出思想的火花。冲突，还可能成为解决问题的契机，使矛盾朝积极的方向转化。智者，乐于洞察幽微与真相；仁者，善于推己及人、将心比心；勇者，有直面矛盾与窘境的果敢。一个堂堂正正的人，一个宁折不弯、立于天地之间的人，总会有玉树临风的伟岸与令人景仰的风范。

傣族

每个人都生活在关系中

人从出生开始，就置身于各种关系中。首先在亲子关系中成长，而后是同伴关系、师生关系，接着是同事关系、婚姻关系，然后又是新的亲子关系……可以说，关系贯穿生命的始终，能与世界主动建构关系，是一个人活着的证明；和世界建构过关系，是一个人活过的证明。"在那路的尽头，人们将问我，你活过吗？你爱过吗？而我，无需多言，只敞开那写满了名字的胸膛。"这首小诗里那"写满了名字的胸膛"，便是人与世界建构过的关系的存档。

人建构的关系概括来说包括"天、人、物、我"四种。与天的关系，就是与不可知不可抗的关系，与神秘力量的关系。比如莫名其妙的福报、突如其来的灾难……对于天，我们要心存敬畏，所谓"天人合一""人定胜天"都不过是人类自以为是的乐观。与人的关系，就是与形形色色的角色的关系。比如家人、朋友、同事、陌生人……对于人，我们要心怀恻隐，对他人的遭遇要能够同情并施以援手，灾难来临时的万众一心、众志成城就是这样的表现。与物的关系，就是与客观世界中自然万物的关系，比如山川河流、花草虫鱼……对于物，我们要心有好奇，善于探索发现，不断丰富自己的专业知识，这样灾难来临时我们才能科学应对降低损失。

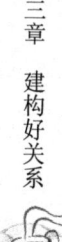

与我的关系，就是与自身生命的关系，比如身体与心灵、意识与情感……对于我，我们要永保对生命的热爱，不管遇到什么样的灾难，不管遭受什么样的打击，都坚韧不拔，都屹立不倒，都心生欢乐。在这四类关系中，人与自我的关系是至为根本的。与自我的关系和顺了，与其他三者的关系也就和顺了。当然，人是一个整体，其他三者和顺了，与自我的关系才能和顺。所谓与自我的和顺，就是能悦纳自我，有比较健康的自我认知，有乐观且务实的自我期许。

人是关系的存在，从这个意义上说，一个人的关系越丰富，他的生命会越丰富；一个人的关系越和谐，他的生命会越和谐；一个人的关系越优良，他的生命会越优良。一个人应该尽可能地与世界建立起真诚、丰富和深刻的联接，这是放大自我、做大自我的最可能的方式。

好关系造就好人生

有研究发现，影响一个人健康长寿的最主要因素是"人际关系"，为什么人际关系对于健康长寿这么重要呢？其实是由于它背后的一些原因。一个修养好，脾气性格好，开朗、乐观、风趣、幽默、乐于助人的人，人际关系会比较好；一个事业成功，满面春风，事事顺遂的人，人际关系会比较好；一个社会地位比较高，处处受人尊敬和优待的人，人际关系会比较好；一个经济上富有，家境殷实，生活条件优越的人，人际关系会比较好；这些因素都直接或间接影响人的健康长寿。

人是在关系中获得成长的。一个人只有不断地广泛地与外界发生联系，心智才会发展，潜能才会实现，这一点早就被心理学的研究所证明。"关系剥夺实验""狼孩的故事"都有力地说明了关系对一个人正常的成长是多么的重要。人与人之间有意义的交往会真正有助于彼此的成长，我们经常可以在生活中发现没有读过书的智慧老人，也可以经常看到高分低能的孩子，这是因为，真正的智慧产生在审视和改善关系中，或者说，真正的智慧就是审视和改善关系本身。

人也是在关系中获得成功的。一个人只有学会寻找生命中的贵人，学会建立强有力的社会支持系统，才能获得源源不断的珍贵资源和机会。相

反，一个不善于处理关系的人则更容易走向失败。哈佛大学就业指导小组的一项调查结果显示，在500名被解职的男女中，因人际沟通不良而导致工作不称职者占82%。

  人的快乐和幸福也来源于良好的关系。空虚、无聊、孤独、寂寞，是人类共有的生命体验，它们伴随着人们的一生，在这点上人与人之间的差别仅仅在于多一点或少一点。有人说，人生就是一场与孤独的抗争，良好的关系是驱赶、摆脱无聊和孤独的一大利器，经常能够和一帮志趣相投的人"谈天说地"，是人生中的一大乐事，也能带来归属感、存在感。如果一个人总与自己较劲、总与别人发生冲突、总与社会格格不入，无聊和孤独一定会如影随形。《小窗幽记》中说："闭门阅佛书，开门接佳客、出门寻山水，此人生三乐。"闭门阅佛书是探寻与自我的关系、开门接佳客是探寻与他人的关系，出门寻山水则是探寻与自然的关系，这三者的关系都顺了，人就会快乐无比。

  有人作了这样一个概括：什么是幸福？当你想到很多人，你对他们充满了敬意和感恩时，你就幸福了；什么是成功？当很多人想到你，对你充满了敬意和感恩时，你就成功了。这一表达可以给我们如下启示：其一，具有感恩之心是一个人获得幸福的条件，缺乏感恩之心的人容易觉得总是别人亏欠了他，这样的人往往生活在抱怨之中。其二，我们每个人都可以尝试列出一个清单：这世上究竟有多少人值得我尊敬和感恩？又有哪些人会对我充满敬意和感恩？这两个清单都是人越多越好。其三，努力去结交值得尊敬的人，努力使自己成为受人尊敬的人，如此，你就会越幸福，也会更加成功。

一个人的生命境界的成色主要取决于其人际关系。每个人都有人际关系，但在"是否真诚、是否深刻、是否丰富"这三点上有很大的区别。首先是真诚。虚假的、敷衍的、糊弄的关系，不仅无益，反而有害。一个发展程度高的人，更易也更乐于建立起真诚的人际关系。当一个人干干净净、堂堂正正，他就不需要在其言行上遮遮掩掩、虚情假意。真诚，包括坦诚相待、情真意切。其次是深刻。它相对于泛泛之交。朱熹在《朱子语类》（卷三十八）中说："朋友交游，固有深浅，若泛然之交，一一要周旋，也不可。"人若没有深刻的朋友，他对世道人心的体察就非常有限。有没有推心置腹、肝胆相照的朋友，会影响一个人的心灵深度。第三是丰富。人的发展与其直接或间接交往的所有人的发展程度相关。

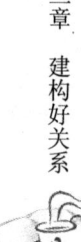

人生才是最重要的作品

关系都是相互的

人与人之间，不论是何种关系，都一定是相互的。没有耕耘，就不会有收获；没有付出，就不会有回报。《增广贤文》里说"人情似纸张张薄，世事如棋局局新"，人情薄不薄，与我们的处世态度和方式有关。当你不愿或不能给予别人，却指望别人给予你时，人情往往很薄；当你乐于或常能给予别人时，人情并不淡薄。

有位成功的企业家谈到他与他的兄弟姐妹的关系：他共有8兄妹，其中有5个比他年长。他当年在外求学，时常囊中羞涩。20世纪80年代初，他的哥哥姐姐也都不富裕，但有点收入。他们在对待这个在外求学的弟弟的态度上也有不同：有的体恤，也有的冷漠，且程度不一。这位企业家说，他今天有能力回馈哥哥姐姐了，但也会有厚此薄彼的时候。尤其是他说："今天，我真的愿意万倍、十万倍地回报他们。可我的哥哥里也有不曾给过我一分钱的人……"他的感怀，相信很多人都会感同身受。

我们对待不同的人往往有不尽相同的态度。所谓"一视同仁"，只存在于很小的范围内或很小的程度上。那我们对一个人的态度究竟由哪些因素决定呢？这是一个复杂问题，也因人而异。首先取决于我们自己是一个怎样的人，取决于我们的"三观"。如果你是一个高尚、高贵的人，你就不会欺软怕硬。如果你是个投机主义者，你可能会见利忘义……我们常说"将心比心""推己及人"，但要看到的是：不同的人的"心"，是有很大差别的。所以古圣先贤强调"正心""诚意"，强调"致良知"。另外，也取决于对方是一个怎样的人。如果对方愿意真心实意地对你好，不管他是谁，你都应该善待他。相反，如果一个对你不好，不管他是谁，你也应该心里有数。如果对方在你心中是个流氓、无赖，你对他又无可奈何时，你可能还会希望他受到惩罚。

中国传统中讲"君敬臣忠、父慈子孝、夫和妇顺、兄友弟恭、朋谊友信"，今天我们更应该从个人的独立与平等来作解读：君，今天可理解为领导、上司，如果不自重，你可以不追随他，否则，就是愚忠；如果作为父亲粗暴而缺乏慈爱，作为子女亦可以不孝敬他，否则，就是愚孝；如果作为丈夫，对于妻子不和谒亲爱，那妻子也可以理直气壮地回敬他；如果作为兄长对弟妹不友爱呵护，那作为弟妹也不必客气；作为朋友，如果对方有违道义，你也不必死守承诺。任何人之间都是平等的，都是双方的，没有谁只有权利而无责任。

生活中的一个真理是：你在别人心目中的位置，是由你的作为决定的。当你只对关乎你自己利益的事情感兴趣时，别人就会对你不感兴趣。"逐利"是人的本性。尽管"利"的内涵十分丰富，但无非是利好、利益、利润、实利、实惠、收益、钱财等等。在事业上乃至人生中成功的人，无不是在关照自己利益的同时也关照别人利益的人。眼睛只盯着自己的利

益，把所有人都当成自己获利的工具，这样的人，几乎很难做成事。合作是所有人际关系中最好的关系：它意味着互助、互惠、互利，意味着彼此平等、真诚、体谅，意味着退让、妥协与设身处地为对方着想。为此我们要努力做到：

1. 不要把对方视为自己达到目标的手段，要顾及对方作为独立存在的个人的需要，感受与尊严。

2. 一方对另一方不存在强迫，任何行为均出于双方的自愿，既没有利诱与勉强，更没有威逼与胁迫。

3. 双方都能从彼此的关系中获得精神上或物质上的利益，而不损害第三方的利益。

人与人之间的关系都是相互的，美好的人际关系都是彼此成全，互相成就。如果你的生活中，有这样一个人，那是你的幸运；如果还没有，那就应该努力去发现与寻找。

美好关系的秘密

无论何种关系，要做到和谐、温暖、融洽，都需要具备这六个元素：平等、真诚、尊重、温情、欣赏、给予。这六个元素愈全面、愈充分，两个人之间的关系就会越亲密、越温暖、越牢固、越具有建设性。这六个元素缺乏或发育不良，尤其是缺乏尊重、欣赏和给予时，会严重妨碍亲密关系的建立。

我们先来看一个故事：

有个国王战败被俘，敌方要求他回答一个问题，答不出来要被关押。问题是："女人真正想要的是什么？"

许多人帮国王给出了答案，但没有一个能让敌方满意。有个无所不知的女巫答应帮国王，但条件是要和国王最好的朋友加温结婚。女巫奇丑无比，而加温高大英俊，是最勇敢的武士。国王说："不，我不能为了自由强迫我的朋友娶你这样的女人！"可加温为了救国王，义无反顾地娶了女巫。女巫于是回答了这个问题"女人真正想要的，是主宰自己的命运。"国王得救了。

婚礼上，女巫的丑陋震惊了所有人，人们纷纷为加温扼腕叹息，并劝

加温晚上不要进洞房。但夜幕降临的时候，加温信守诺言走进了新房，让他惊讶的是，一个绝色美女坐在新房里，那就是他的新娘女巫。女巫笑着对他说："我在一天的时间里，一半是丑陋的女巫，一半是倾城的美女，加温，你想我白天变成美女还是晚上变成美女？"这是个残酷的问题，如果你是加温，你会怎样选择呢？

加温的回答是："既然你说女人真正想要的是主宰自己的命运，那么就由你自己决定吧！"

女巫热泪盈眶地说"我选择白天、夜晚都是美丽的女人，因为你懂得真正尊重我！"

这是一个虚构的故事，但它传达了一个道理，每个生命都是如此的不同，尊重他人是主动建构好关系的基础，有时它会让你有意想不到的收获。

欣赏比尊重更进一步，尊重是接纳对方的一切，而欣赏是在此基础上还能发现、肯定和赏识对方的优点。每个人都有被肯定和欣赏的需要，在总是表扬他的人和总是指责他的人之间，他一定是对前者更有好感，也一定是更能与前者建立好关系。

有一位画家拿了自己的一幅画作到市场上去展出，他在画旁放了一支笔，并写了一句话：每一位观赏者都可以在画得不好的地方标上记号。晚上，画家取画时发现整个画面都涂满了记号，仿佛被指责得一无是处。画家深感失望。

画家又画了一张一模一样的画拿到市场展出。但这一次他也写了一句话：每一位观赏者都可以在画得好的地方标上记号。晚上，画家取画时发现整个画面也涂满了记号，仿佛每一处都被人欣赏。画家心里很高兴。

这个故事告诉我们，如果你习惯指责一个人，你的眼里就满是他的不足；如果你总是欣赏一个人，你就会不断发现他的优点。纪伯伦说："重视人们的缺点，是我们最大的缺点。"我们也可以说："发现人们的优点，是我们最大的优点。"

而给予，一定是关心对方的需要并给予实在的帮助，我们再来看一个故事：

有一次，庄子穷得揭不开锅了，他跑去向人借米。那个人虚伪地说："我年底要收租了，到时借你一点米，好吗？"

庄子回答说："我在来的路上，听到喊救命的声音，我仔细一看，看见干涸的车辙中有一条鱼。我问它'鱼啊，是你在喊救命吗？'鱼说：'我快干死了，你能不能弄点水来让我活命呢？'我说，'我正要去南方游说吴、越的国王，到时候把他们国家的水引过来救你吧？'鱼变了脸色，愤愤地说：'我现在需要一点水就能活命，等你到吴越国找水回来，你到时候就到干鱼铺子里找我吧！'"

这是成语"涸辙之鲋"的来历。关心和帮助他人，就是在别人的需要处看到自己的责任。如果对别人的需要视而不见，或者是看见了却无动于

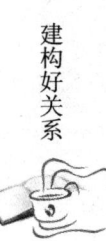

衷，就是一种冷漠。冷漠是不可能建构美好生命关系的，有人说爱的反面不是恨，而是冷漠，因为恨一个人还有可能在他需要的时候去为他做一些事，但冷漠的话就是什么都不会在乎了。作为"爱的重要元素"，给予既是一种能力，更是一种品性。"不行春风，哪得秋雨？"这句话，不只道出了气候上的一个规律，也是人类社会生活中的一条哲理：所有人与人之间的关系都是相互的——乐于给予，心存感激，这是人生中有意义的事情。

此外，平等、真诚这些元素也很重要。我们都要尽可能平等地与所有人交往：对任何人既不仰视，也不低看；既不过分热情，也不过分冷漠。把这个分寸拿捏好，就是修养。我们也要尽可能真诚地与所有人交往，真情无敌，即使再小的孩子，也能准确地感知谁对他是真心实意的好，谁对他是虚情假意的敷衍。真诚会赢得别人的信任，有了信任，就少了防范、戒备、猜疑与观望。信任愈多，人与人之间的交易成本就愈少，更有可能建立和谐、融洽、美好的关系。

在懂你的人群中散步

《在懂你的人群中散步》文中写道:"这个世界上总有那么20%的人,见到你就是莫名其妙的喜欢你,总有那么20%的人,见到你就是莫名其妙的讨厌你,剩余的60%的人处于中立状态。"在茫茫人海中,总会有人喜欢你,也总会有人不喜欢你,正如你会喜欢一些人,而不喜欢另一些人。差别只在于多与少,以及喜欢或讨厌的程度与表达方式。所有喜欢你的人,所有愿意给予你的人,都是你生命中的贵人,应该特别用心的对待。

"每一个人都是独特的",这是孺妇皆知的道理,但要真正领悟并体现在言行之中却并不容易。每个人的成长经历与现实处境的不同,看重或在意的事情就会不同。有的事你觉得无关紧要,而有人会很敏感;即使都在乎的事,各人的尺度也不尽相同。因为如此,人们才会有"吾之蜜糖,尔之砒霜",甚至"他人就是地狱"之说,也才会有"知音难觅"的慨叹。人与人之间从来都是相互的。人与人相处,除了情趣相投之外,也需要注意照顾别人的感受,还要有包容与善意的理解。不过,不论何种关系,处得来就处,处不来就可以相忘于江湖。在懂你的人群中散步,如是便好。

有一些人特别热衷于经营"人脉资源",这自有他们的道理,人们行事大多是理性选择的结果,没有人会愿意一直做着赔本赚吆喝的买卖。但什么样的人值得交往,和谁建立持久稳定的关系,我们还是要多听从内心的指引。只是基于小圈子的相互照顾,有时会与整个社会的公平原则相冲突,而我们每一个人不可能拥有所有的小圈子,这就意味着别人小圈子人们的相互关照可能会损害我们的利益。因此,大家共同去建设一个真正的信用社会,其社会交易成本更低,每个人都是受益者。

和什么样的人在一起,非常重要。和优秀的人同行,不仅可以帮助我们遇见更好的自己,也能让自己的生活更快乐。和谁同行,关键在于识人的本领。《增广贤文》中说"画虎画皮难画骨,知人知面不知心"。这话很有道理。有三件事,很有助于"识人"。其一,打一次带彩的麻将。它可以看出一个人是否具有诚实、正直的品格,是否有规则意识,是否拿得起也放得下,尤其是对待友情与金钱的态度。其二,吃一次自助餐。自助餐的价格是确定的,吃多吃少,可以自定。因此,可以辨识一个人是否具有自律的品格与公共精神,是否爱占小便宜,甚至,是否贪婪。其三,一起作一次旅行。它可以让你辨识一人的学识、眼界、趣味,是否愿意体谅他人,是否可以互助合作。

"在喜欢你的人那里,热爱生活;在不喜欢你的人那里,看清世界。"在这个世界上,很多事情我们都无法掌控,但在很大程度上,我们可以决定做什么或不做什么,在几乎所有境遇中,我们都可以拥有意志自由。离那些让我们感到不愉快的人远一点,多想念和亲近带给我们美好感受的人或事,这是提高生命质量可能做出努力的一个方面。当人们的心性修养没有达到至圣境界时，就难以避免会有不喜欢的人与事。当我们无力或不想改变对方时，最简单的处理办法就是离他们远点。俗话说：惹不起，躲得起。躲，不只是消极逃避，也是积极主动的选择：选择在懂你的人群中散步，选择可以怡然自得的场景与时光。

人生才是最重要的作品

生命的名单

人与人的关系丰富多样，父子、夫妻、兄弟、朋友、婆媳、岳婿、妯娌、裢襟、师生、同事、邻里、雇主与雇员、领导与下属……人们也生活在一个又一个的圈子中：首先是亲人。这个圈子既有血缘的亲疏，又有交情的深浅。其次，同乡的圈子。这个关系，有基于地缘的亲疏，在逐渐开放与流动加速的社会中被淡化且终将淡出。第三，同学的圈子。一个人从幼儿园到博士研究生，乃至在职培训中，都会结成同学关系。第四，同事的圈子。参加工作，就会结成同事关系。人们普遍感觉同事关系很微妙，很少能成为朋友。其实你简单，同事关系也可以很简单。所谓简单就是平常心，以诚相待，看淡利害得失。第五，同行的圈子。其实就是更广义的同事，专业人员会有一个社会评价与同行评价不尽一致的问题。第六，朋友的圈子。这六个圈子，从被给定的到自主选择的，它们之间有交集，有分殊。

假设我们在这丰富的关系和圈子里尝试着列出一个名单，名单上的每一个人都符合这两个标准：一是我们会常常想到他（她），见到他（她）会带给我心理上和精神上的愉悦；二是我们乐于向他（她）表达喜爱，给予他（她）有价值的东西，比如在一起吃饭、喝茶时心甘情愿主动买单，送给他（她）礼物。如果每个人都用心列出这样一个名单，哪些人会出现在名单中？他们的数量多吗？最先想到的又有哪些？我们自己的名字又会出现在哪些人的名单中？有句话说得很好：当你想到别人，对他（她）充满感恩与敬意时，你就幸福了；当别人想到你，对你充满感恩与敬意时，你就成功了。

两个人比较好的关系就是在彼此的名单中，并且在大致相当的位置。如果丈夫把妻子排在第一，可妻子把丈夫排在了20开外，他们之间就难有心心相印的关系。人生大体是一个不等式，你的名单中有他，可他的名单中未必有你；你将他放在很重要的位置，可他也未必也会把你排得靠前。还有更糟糕的：有些人，你的名单再长，也不会列上他，可他令你耿耿于怀并且咬牙切齿。别人充满感恩与敬意的名单中有没有你，也会影响到你的感受，但你的名单中有谁却更重要。如果这些人构成了你生活中的主角，你的人生就会有更多的光风霁月。如果你憎恶的人构成了你生活中的主角，你的人生就是灰暗的。《和谁在一起，的确很重要》这篇文章提道："你无权决定自己出生的高度，但有权决定身边站的人和自己所处的环境。余生不长，和不一样的人在一起，就会有不一样的人生。和优秀的人同行，能帮助你遇见更好的自己。爱情婚姻如此，家庭事业如此，人生道路也如此。"

一个人的生命名单的品质，很大程度上也就是生活品质，尤其可以反映其生存境况与生命境界。

人生才是最重要的作品

亲人让人生更温暖

中华民族是一个非常珍视人间亲情的民族,这种文化因子流淌在人们的血脉之中。古时候亲人走失,往往采用滴血认亲的方式。若有血缘关系,滴入的血就会冲破水的阻隔融合在一起。人们之间所有的感情就像水,而有血缘关系的人之间的感情则为血。血比水浓,这象征着骨肉亲情之间难以割舍。拥有亲情,人生就多一份温暖。一个人所拥有的温暖亲情是他可以追忆,可以缅怀,可以遐想,可以慰藉的心灵的后花园。

亲人,就是在一口锅里吃饭、互不嫌弃的人,就是团结一致,不分彼此,荣辱与共,相互支持的人。一个人有没有亲人,或者能不能珍惜亲人,会影响到他与世界建立起的关系。如果一个人从小就缺失亲情,这是一种不幸,也会对他的人格和人际关系产生重大的影响。

人生中令人痛彻心扉的事一定包括亲人之间反目成仇。凡是倾向于内斗,伤害亲人,不同仇敌忾的人,都有可能受到来自亲人的排斥和孤立。一个人不断得到亲情的温暖和滋养,其与世界建立起的关系会越牢固、厚重和温馨。

在这个世界上,有些人是与我们有血缘关系的亲人。我们的幸福、安康乃至喜怒哀乐他(她)都会在意,也常常为我们作出退让、妥协,甚至牺牲自己的利益。还有些人，虽然与我们没有血缘关系，却真心实意对我们好，与我们志同道合，心心相印，总是在我们有需要时挺身而出，这可以称之为"第二亲人"。其实，这类亲人在人们生命中的价值更大，他们是与我们情投意合、肝胆相照的朋友、知己、知音、同道……是我们可以自由选择的，也是可以超越功利的伙伴。如果一个人只有基于血缘关系的亲人，他就会很狭隘。如果一个人能超越亲情的局限，能够同样甚至更加珍视"第二亲人"，那他就有了更宽阔、更崇高的生命境界，也会更有生活的乐趣和创造力。

在中国社会中，在一定程度上存在着一些人为亲情所累，或有人用亲情裹挟私利的现实。在对待亲人的关系上，除了需要认真履行诸如对父母的赡养、对子女的抚育等法律义务之外，其他的关系，都应该尊重人们彼此的自由意志。"在喜欢你的人那里，去热爱生活；在不喜欢你的人那里，去看清世界。"这话说得很有智慧。在茫茫人海中，总会有人喜欢你，也总会有人不喜欢你，正如你会喜欢一些人，而不喜欢另一些人。差别只在于多与少，以及喜欢或讨厌的程度与表达方式。所有喜欢你的人，不论是第一亲人还是第二亲人，都是你生命中的贵人，应该特别用心的对待。

人生才是最重要的作品

用心呵护爱情和夫妻关系

一个人不管怎样玩世不恭、朝三暮四或水性杨花，内心中都有一份对坚贞爱情的渴望。这大概也可视为"人是精神性的存在"的一个证据。享受生命也包括有情有独钟的人，在这个世界上，有没有一个人，你看到她，想到她，就满心欢喜，就心花怒放；你可以对她（他）说"因为路过你的路，因为苦你的苦；因为追逐着你的追逐，因为幸福着你的幸福""少了我的手臂做枕头，你习不习惯？""我能想到最浪漫的事，就是和你一起慢慢变老"……这个人可以有，也应该有。爱情是一种生命的联结，它使人远离孤单，有一个人可以和你共同地面对一个薄情的世界。

爱情是人的一种心理能量，其大小受内分泌、生存境遇、精神旨趣等因素的影响。健康状况好的人，生存境遇好的人，追求个人成长的人，爱的能力会更强些。人与人的差别既表现为其能量的质与量的差别，也表现为其能量投射与倾注对象的多寡及方式。一个人没有爱情需求，不仅会加速身体的衰老，也会大大削弱乃至消弭生活的乐趣与意义感。

爱情是一座大厦，不可能很快建成。即使建筑封顶了，也还需要装修和持续不断的维护。世界上那些美轮美奂的建筑都是在很长时间内打磨出来的。爱情是一所学校，它没有教科书，探索是最好的学习方法；因为没有经历就没有体验。在爱情这所学校里，有人乐学且善学，他们收获了丰盈的人生；有人厌学、逃学乃至辍学，他们丢失了抵御孤独的利器。在这所学校里，有优异生，也有学困生、后进生和辍学生，但从未有过毕业生。

印度有谚云：智慧的吸引，产生尊重；心灵的吸引，产生友谊；身体的吸引，产生情欲。三者相加，便是爱情。要使爱情长久保鲜，就需要保持三个吸引。但是，不管爱情曾经多么轰轰烈烈，多么感天动地，最终都会慢慢沉淀为相濡以沫、休戚与共的亲情，因而夫妻关系就成为人类社会中最为重要的关系之一。

在中国传统中，"夫妇"虽为五伦之一，但远远没有视为最重要的人际关系。这与男权社会中女性处于从属与附庸地位有关。其实，夫妻关系是所有人与人的关系中最亲密、最需要默契与和谐的一种关系，夫妻关系好，婚姻生活才能长久地保持高品质，才能更有利于子女的成长。维持良好的夫妻关系，除了要有相近的价值观，还有非常重要的一点就是要维护和保持在对方心中的美感。人是自然界的一部分，人所具有的生物性，有美的一面，也有不那么美的一面。如果因为亲近就不珍惜美感，彼此的吸引力就会大大降低，严重的还会"相看两相厌"，加速见异思迁的进程。

在一个人的一生中，能够体验到深挚的爱是很难得的。深挚的爱，大体有如下的一些特征：

1. 心甘情愿地给予对方一切美好的东西，而且不求回报；

2. 变得特别谦恭，谨慎；

3. 有让自己变得更加完美的强烈愿望；

4. 觉得对方完美无瑕，包容与善意解读对方的失误；

5. 在心底有倾诉的欲望……这作为衡量婚姻中是不是还有爱的标准也是可以成立的。心理学家弗洛姆概括出了"成熟的爱"的五个因素，依次为"了解、尊重、关怀、责任、给予"。没有了解，爱就是盲目的；没有尊重，爱就会演变为对对方的支配与控制；没有关怀，爱就是空洞与苍白的；没有责任，爱就是轻薄乃至虚假的；没有给予，爱就是吝啬与贫瘠的。当你深爱一个人，你会把真诚的赞美、珍贵的礼物以及自己美好的一面毫无保留地给对方。

夫妻双方均属于再婚的婚姻质量往往不高，而且离婚率要远高于双方都为初婚的夫妻的离婚率。对这种现象的解释可能有如下几点：

1. 再婚年龄普遍高于初婚，而人随着年龄的增大可塑性变小，两个人之间的磨合变得更为困难；

2. 再婚夫妻很可能双方或一方有孩子，有与前妻和前夫之间的微妙关系，这都使得家庭关系变得更为复杂，增加了产生矛盾的可能性；

3. 离异的男女，在处理婚姻关系上或多或少存在缺陷的可能性更大，而这也可能带入再婚的关系之中。婚姻关系是人生极为重要的关系，用心维护和经营好它，既可能也很必要。

赢得朋友是一种修为和造化

中国传统社会基本的五种人伦关系，君臣、父子、夫妇、兄弟、朋友五种关系，即狭义的"人伦"。在这五伦中，君臣关系是绝对的、垂直的等级关系，而唯有朋友关系是平等的关系。所以，有民主、平等、自由意识的人，都特别珍惜朋友。倘若一个人没有发自内心地感到朋友的重要性，那可以断言他的精神发育就是有很大缺陷的。血缘意义上的"亲人"都带有偶然性，朋友却是可以选择的，友情在一个人的情感世界中占的比重愈大，他的格局就愈大。那些没有真正的朋友，心里只有小家庭，最多也就是只关注直系亲属利益的人，不仅委琐，也很无聊与无趣。

朋友是自我的放大与审视自我的一面明镜。一个人拥有的真朋友愈多，他生命的富有程度就愈高。朋友是我们人生的拥趸，我们可以信赖的顾问与参谋，我们可以坦诚相见的"重要他人"。每个人都有对于友情的需要，人类是群居动物，在与他人积极互动中，人们感受到安全与温暖。研究发现：社会互动对人类个体的学习与成长具有重要意义。而朋友之间的互动，因为真诚，因为亲密，因为充满善意，就更具发展价值。完全可以说，善待朋友，就是善待自己。

在这个世界上，人们能够成为朋友的概率并不大，因为需要相同或至少相近的价值观，需要有精神上的共振与心灵的共鸣，甚至有时候还需要仗义疏财肝胆相照。所以能够赢得朋友，是一种修为，一种造化。能否成为朋友不是一厢情愿的事情，也不是两个优秀的人就一定能成为朋友。但朋友是可以主动追求的，首先要有意愿，即乐于交友。正如未婚年轻男人追女朋友，你觉得对方好，喜欢她，那就可以捧着一颗真诚的心热烈地去追求。有时，就真的得偿所愿了。

主动和什么样的人交友呢？孔子说"益者三友，损者三友。友直，友谅，友多闻，益矣。友便辟，友善柔，友便佞，损矣"（《论语．季氏》）。友直，就是和正直的人交朋友，正直就意味着无害人之心，善良、磊落、光明。友谅，就是和讲诚信的人交朋友，朋友之间要相互理解、相互包容。友多闻，就是和见多识广博学多才的人交友，因为朋友的博学会带给我们许多有益的思想资源，并促进我们的成长。孔子的"损者三友"提醒我们：不正直的人；两面三刀欠缺诚信的人；夸夸其谈没有真才实学的人，只会让我们受到损害，要远离这样的人。

朋友相处之道因人而异，但也有相通之处。比如以礼相待、礼尚往来；多付出，少索取；言而有信，真心实意；多记着对方的好，不勉强对方，对能够帮助对方的事尽力而为。帮助朋友成长、进步，真诚地分享有价值的资源与信息等等。有一则网络流行语"友谊的小船说翻就翻"值得我们警醒，友谊是珍贵的，但也是脆弱的。不要因为对方是朋友，他就理所应当要为我们做什么。如果对方愿意帮忙，那就应该感恩。如果对方不愿意，不能够，那就当坦然接受。不要用友谊去"绑架"对方 。即使是朋友，也需要保持距离，尊重别人的选择。君子之交淡如水，淡淡的友谊才可能成为长久的友谊。

不对朋友抱太高的期望，这不是世故，而是成熟。即使是再好的朋友，也不可能有求必应。在一些时候，他不能帮你，并非他的不是，而是你的要求失当。因此，朋友之间要保持分寸：不该说的话，不说；不该提的要求，不提；不该做的事，不做。没有人可以强大到不需要友谊。如果一个人真不需要友谊，那一定不是因为他的强大，而很可能是因为他病态的自闭或者是心如死灰，生不如死。

没有朋友的人生没有意思，朋友在人生中很重要，自觉地追求志趣相投的真朋友很重要。

人生才是最重要的作品

建立互信的师生关系

善于和老师建立积极关系的人，在人生中更容易取得成功。因为能不能和老师建立积极关系，赢得老师的欣赏，反映了一个人社会性发展程度。社会性发展程度高的人更容易获得人们的支持。另外，师生关系是重要的人际关系，能否从师生关系中获得积极体验，也会影响到其他类型的人际关系的建立。

师生关系是教育大厦的基石，没有充满真诚、互信和友爱的师生关系，可能会有某些训练，但不会有真正的教育。一般来讲，师生关系是由教师主导的，尤其在中小学。一个能够成为众多学生生命中的贵人的教师一定是一个成功的教师、优秀的教师，会有很多的学生对他充满感恩和敬意。但是关系都是相互的，能否建立良好的师生关系，学生也有责任。如果学生"告密""检举""揭发""伤害"教师的事情时有发生，一定会损害良好师生关系的建立。刁难学生的老师和出卖老师的学生，都会严重败坏师生关系。

怂恿、诱导、鼓励、纵容学生对老师和同学进行告密、检举、揭发，是最坏的行为之一。古人讲"亲亲相隐"，如果一个人感觉身边的人会是告密者，他很有可能会成为"被迫害妄想症"患者，友情乃至亲情都会荡然无存。作为老师，当学生来"检举""揭发"其他同学的"劣迹"时，一定不要忘记说："你提醒过他这样做不对吗？你既然觉得他做得不对，就应该当面向他指出。"来说是非者，便是是非人。搬弄是非的人多了，就会加大人际交往成本，产生内耗，不利于真诚友善亲切的人际关系的建立。

正直的老师之于学生是毫无个人私利的，正如陶行知所说"捧着一颗心来，不带半根草去"。老师或许有不甚稳妥的言行，只要不是原则问题，学生都应该和老师沟通，而不是向主管部门、领导"打小报告"，做小动作。当教师想着要对学生进行防范时，真正的心灵晤对的教育就消失了。鼓励学生"告老师的状""揭发老师"是对学生心灵的涂毒。学生可以批评老师，但不可以充当阴暗的告密者，因为出卖老师会彻底摧毁师生之间的信任，当信任缺失时，亲密、友善、温暖的师生关系就不会存在。

在几乎所有的人与人的关系中，信任都有着极其重要的作用。信任一个人意味着相信他的善良——不会加害于你，正直——不会出卖与背叛你，诚实——对你不会在大事上欺骗与隐瞒真相，负责任——恪尽职守、勇于担当。一个人总能做到正直、善良、诚实、负责任，就会赢得别人的信任。当有了信任，就少了防范、戒备、猜疑与观望。信任愈多，人与人之间的交易成本就愈少，相处也就愈加的和谐、融洽。

美好的人际关系都是彼此成全，美好的师生关系也是这样。一个人所建立的这种良好的关系愈多，他活动的舞台就愈大，发展的程度也会愈高。

人生才是最重要的作品

好好对待陌生人

评价一个社会或国家的文明发展水平可以有许多独立的或成体系的指标，有一个人人都能经验到的指标，那就是陌生人之间的关系。在文明社会，人们对陌生人会更友善、更热情、更有耐心。当人们的目光相遇时，一般都会有所示意，点头或微笑，即使是陌生人之间。而在文明程度不高的社会中，这种情况极少发生，如果有人对陌生人也点头或微笑，就很有可能被别人视为神经病或不怀好意。

怎样对待陌生人，可以反映出一个人以及一个群体的人们的见识、修养和心灵境界。比较有见识的人会对人，尤其是对陌生人，更有信任感，这是因为他们更有判断力和应对复杂局面的能力。这又会使得他们更有安全感、更开朗，与环境和他人有更多的互动，从而使他们的内心变得更加丰富与充实，并进而提升他们的幸福感。没有见识，当然也可以说没有良好判断力的人，他们特别害怕遇到骗子。在他们眼里，凡是陌生人都有可能是骗子。这个世界的确有很多骗子。但如果你足够聪颖，如果你不相信天上会掉馅饼，那骗子要能骗到你，其实是很不容易的。许多上当受骗的人，背后有个重要原因就是自己的见识不够。

当我们的亲友要踏上旅途时，我们都习惯于叮嘱"路上小心""注意安全",而很少说"旅途愉快""享受当下"。这就是文化,也正是这点点滴滴,不断累积和强化着人们对陌生世界的恐惧。一些在国外旅游的中国人谨记着"不和陌生人说话"的训诫,他们害怕上当受骗。的确,不和陌生人打交道,在表面上看是无需任何成本却可以规避可能的风险的方法。但也可能会使人丧失掉一些有价值的资源。害怕陌生人,是由于缺乏信任感,而缺乏信任感是因为人不够有见识而缺乏自信。孔子说的智、仁、勇,有智慧是第一位的,没有智慧,内心就不会太有安全感,就不能真正敞开自己拥抱世界。

骗子是令人深恶痛绝的,他们为了不正当的利益煞费苦心、不择手段,最终践踏了人与人之间的信任,毒化了人际关系,使人心之间被厚厚的门堵塞着而难以进行真诚的交流,导致陌生人之间有太多的相互防范、冷漠与不信任。这最终会也会影响到人的发展程度和社会的发展程度。在一个社会中,爱心会传递爱心,冷漠会滋生冷漠,信任会培植信任,猜忌会放大猜忌。

人的成长的过程,从一定的意义上也可以说,就是把更多的"陌生人"变成自己亲近的人的过程。让一个社会的陌生人之间有更多的信任与关爱,需要人们有为共同目标而努力的公共生活,尤其需要人们受到更多更好的教育,也包括需要严厉打击诸如诈骗、扒窃等刑事犯罪。如果陌生人之间充满防范、冷漠和敌意,当有人需要帮助乃至救助时,乐于施以援手的人就会很有限,而我们每一个人都可能是需要帮助乃至救助的那个人。

常听人说,在人的一生中遇见谁都是冥冥中注定的。对此,恐怕没有

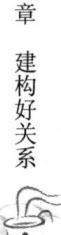

谁可以证明。但可以肯定的是：你会如何对待遇见的各种各样的人，这由你的态度与品格决定——热情还是冷漠，坦诚还是伪饰，谦和还是跋扈，文雅还是粗俗……这些都由你决定。我们多数人都可以作出这一选择：好好地对待生命中遇到的每一个人，包括陌生人，这可能也是最好、最可行的修行。

>>> 第四章
照顾好身体

不论你多成功多重要，也不论你多落寞多寂寥，永远记住：健康第一。健康的生活中本身就有享乐与美，人生中许多东西可以借，可以要，也可以没有，唯有健康，它只能由你享受或忍受。健康的长寿者才能笑到最后，活着，就有机会，就有希望。因此，我们需要持之以恒地照顾好身体，注意饮食，适量运动，保持阳光心态。

汉族

储蓄健康

汉语中"健康"一词来自日文。"建康"是现在南京在六朝时期的名称,东吴、东晋、刘宋、南齐、南梁、南陈六代京师之地,三百多年为京辇神皋所在,是当时中国的经济、文化、政治、军事中心,也是世界上第一个人口超过百万的城市,是当时世界上最大的城市。据《百度》介绍:六朝皇宫建康宫,宫殿壮丽巍峨,殿阁崇伟,为北魏都城以及东亚各国争相效仿,深远影响了后世宫室建设的形制。由此,日文中用"建康"表达人们良好的身体状况,意即"强大""强健""强悍"。而我们古汉语中表达"健康"的词为"无恙"。

健康是所有人幸福生活的基础性条件。尽管不能说失去了健康,就完全失去了幸福,但会在一定程度上损害舒适感从而降低幸福感。健康,生活才能有品质,才能更充分地享受各种意义上的自由。健康不仅影响着每一个人的生活质量,也影响着国家的医疗保障的投入。一个国家一个时期的财政收入是一个常量,这方面投入少了,别的方面的投入就可以多一些。现在全国比较好的医院差不多都人满为患,这反映出国民的健康状况不够理想。

一个人的健康状况,很大程度上取决于生活方式,在学校加强健康教

育，增强人的自我保健意识，养成健康文明的生活方式是必要的，也是可能的。健康教育理所应当成为生命教育的核心主题，从饮食起居到卫生习惯，从日常锻炼到医学常识，从急救知识到安全用药……这些都可以是教育的主题和内容。

"储蓄健康"是一个十分有价值的概念，它意味着我们的健康就像金钱一样，可以储蓄。我们储蓄的健康愈多，我们的健康资本就愈雄厚，我们老迈之时健康状况就愈好。年轻时身体的健康状况良好，这时也最有资本储蓄健康。多运动，拒绝垃圾食品，养成良好的生活习惯，不抽烟不酗酒不熬夜，不透支生命、不挥霍健康，我们自己将是最大的受益者。人的一生中无论什么时候开始重视健康都有其意义，无论什么时候都可以储蓄健康，"多乐多笑，益寿之道。气大伤神，多食伤身"，关注和储蓄健康，对自己、对家人、对国家都极为有利。

养生的八个字

中医养生保健里讲了八个字"童心、龟欲、蚁食、猴动",这对于每个人都有价值。

"童心"被广泛地认为是一个人所能拥有的人生的真正财富之一,它非常有益于身体健康。怎样的心理状态可以称之为"童心"呢?可以概括为如下四个方面:

1. 纯洁无邪。内心纯洁,对人充满信任,虽然时常心直口快,却不会有意伤害他人,更不可能老谋深算、居心叵测、用心险恶。

2. 容易满足。不会贪得无厌、欲壑难填,即使得到的很少,也会感觉心满意足。

3. 活在当下。很少表现出三心二意、心不在焉、心事重重、焦虑不安,总是能够投入、专注于当下的活动,并沉醉其中。

4. 充满好奇。对外部世界充满了好奇,对于变化与新奇十分敏感,有着强烈的探索欲望。童心正如著名作家泰戈尔在诗歌《孩子们在世界的海边聚会》中描绘的场景:"孩子在世界的海滨做着游戏。他们不会凫水,他们也不会撒网。采珠的人潜水寻珠,商人们奔波航行,孩子们收集了石子却又把它们丢弃了。他们不搜求宝藏,他们也不会撒网。"童心是美好的,

如东升的旭日，朝气蓬勃、蒸蒸日上、光焰万丈。我们来到这个世界上，随着时光的流逝，我们必然会告别童年，但我们可以保留童心，使内心永远葆有开放、敏感、鲜活、灵动与纯净。

龟欲可以理解为欲望比较少，也可以理解为随心所欲，任其自然。一个人能够生活得随心所欲，说明他摆脱了名缰利索，没有奢望，没有妄想。一个有着不当欲求的人，要么违背公序良俗乃至法律，要么力不从心而遭受挫败感的折磨。因此，能够随心所欲，说明有较高的人生境界：一切追求都是正当光明的。任其自然则意味着有向往、有追求却不执迷、不强求，宽容别人也宽容自己，秉持"谋事在人，成事在天""得之我幸，失之我命"的生活态度，步履从容地行走在山水之间。古人云："大厦千间，夜宿八尺；良田万顷，日食三餐"。一个人若总想着占有，结果就是被占有，即人为物役。被物欲蒙蔽的心灵恐怕永远无法真正理解比物质和金钱更宝贵的价值还很多，这其中包括身体的健康和内心的安宁。

蚁食指不要吃得太多，不要吃得太快，讲究膳食平衡与食物多样化。网上流传的"养生保健箴言"值得我们重视："1. 吃得越饱，死得越早。2. 腰带越长，寿命越短。3. 若要身体安，三分饥和寒。4. 每人60吨食物，早吃完早'走'"。除了对第四句存疑，其他三句都有大量案例验证。节制饮食，为什么有利于健康长寿，这还需要不断深入的科学研究去揭示背后的机理，但节食的价值已经被越来越多的人所认同和验证。

"生命在于运动"，这是至理名言。为了促进身体的新陈代谢，保障各种脏器功能的正常运转，人们需要运动，以便提高机体的免疫力从而延年益寿。世界卫生组织的一份资料认为走路是"世界上最好的运动"。资料中说：有数据统计，每走一步，可推动人体50%的血动起来，活血化瘀；可挤压人体50%的血管，是"血管体操"；可运动50%的肌肉，有助于保持肌肉量。这应该是很权威的关于走路或称之为步行的结论。因此，养成运动的好习惯，能走路就不开车，既环保，又养生。

人生才是最重要的作品

老寿星的启示

有句话说"高薪不如高兴，高兴不如高寿"，对长寿的向往与追求，自古皆然。

乾隆皇帝是中国历史上寿命最长的一位皇帝，活了89岁。他注重养生，坚持"四勿"：食勿言，寝勿语，饮勿醉，色勿迷。在他居住的养心殿有一副对联："无不可过去之事，有自然相知之人"。这给人们的启示是，坚持健康的生活方式，树立大度、宽和、放得下的积极心态，拥有肝胆相照、推心置腹的朋友，是有利于长寿的。美国的一项研究发现，影响一个人健康长寿的最主要因素是"人际关系"。

清代文星兼寿星的诗人袁枚有诗云："老行万里全凭胆，吟向千峰屡掉头。总觉名山似名士，不蒙一见不甘休。"此诗道出了他长寿的秘诀：在山水中那种远离尘世的喧嚣，忘却名缰利索的困扰，与自然融为一体的感觉，或许是滋养生命最好的养料。寄情山水是中国传统文人的一种生存方式，虽然有专制时代读书人的无奈与逃避，但从自然界中获得滋养与慰藉的方式值得今人借鉴。游山玩水有助于人们延年益寿，为什么呢？至少有如下几个原因：

1. 游览时一定伴随许多运动，如爬山，步行。运动有益于健康，这个结论基本可信。

2. 游览区域大多植被良好，空气新鲜。

3. 游览时湖光山色景致怡人，带给人积极的情绪体验，这也有助于身心健康。

明代山东临清有一位布衣诗人叫谢榛，出生寒微，却著述等身，寿至耄耋（1495-1575）。其代表作为《四溟集》《四溟诗话》。他一生未仕，一生清苦，却游历甚广，浪迹四方。那时交通多有不便，通信联络更是困难重重。谢榛在那种条件下尚且能遍访名山大川，还写下许多诗作，真的很了不起。一个人有乐在其中、可以自娱自乐的活动非常重要，"不做无聊之事，何谴有涯人生"。何谓"无聊之事"？其实也是自得其乐的事，人生，在不对他人和社会造成危害的前提下，自得其乐地度过百十来年，无疾而终、寿终正寝就很幸运了。

在晚会《光荣绽放：2015十大"80后"歌唱家音乐会》上，年过八旬的老艺术家郭兰英、李光曦、于淑珍、方初善、罗天婵、叶佩英、刘秉义、胡松华、姜嘉锵、叶佩英，逐一亮相，放声歌唱。寿登耄耋仍能登台演出本身就是生命的奇迹，这十位令人肃然起敬的老歌唱家的生命奇迹很好地说明歌唱的生命价值。"开口便唱"不仅是一种有效的养生方式，也是一种积极的生命姿态。

《美国医学会杂志》指出："更强烈的人生目标与死亡率降低有关。目的性比性别、种族或教育水平更具长寿指征，且对于降低死亡风险也比饮酒、吸烟或经常锻炼更为重要。至于目标是什么并不重要，重要的只是拥有能让他们对人生感到兴奋并推动他们前进的东西。"人们世代的经验也

似乎可以佐证这一研究结论。这主要是因为茫然感以及与此相伴随的无聊感、空虚感会降低人的免疫力，并过多地耗费掉"精气神"，所谓"哀莫大于心死"，一个人失去了生活的所有希望，身体很快也会垮掉。"药补不如食补，食补不如神补。"所谓神补，就是要"打起精神"，就是要有希望和目标。

有人总结出健康长寿的16个字："多乐多笑，益寿之道。多食伤身，气大伤神"。几乎所有的长寿秘诀都包括节制（饮食和欲望）、阳光心态以及适度运动。性格决定命运，在健康长寿这点上也会得到体现。

乐观有利于身体健康

乐观是一种积极的生活态度，它意味着总是能正面地看待事物。美国诗人西尔维娅·普拉斯说得很中肯："乐观的人在每一次忧患中，都能看到某种机会，而悲观的人，则在每一次机会中，都看到某种忧患。千万要记住，一个人思考的角度，可以主宰你面对事情的态度。"乐观的人带给他人的是安慰、是信心、是鼓舞的力量、是积极的心理暗示。

给自己多一些积极的心理暗示，乐观地生活，人生会更美好。比如说，健康亮起了红灯，你要警觉，但不要过度沮丧与焦虑。生老病死是自然的事情，自然的事情就任其自然好了。相信你内心的力量，相信身体的修复能力，相信医学的进步带给你的恩惠。再说，每个人都有其天年，正如每个人的天赋有不同。只要不是死于非命，比如死于战火、谋杀、海难、地震、火灾、车祸等等，就没有什么可遗憾的。乐观是最重要的战胜困难和疾病的法宝。

美国伊利诺伊大学一项研究发现："与悲观者相比，乐观的人血糖水平明显更好、胆固醇指标更健康、吸烟的可能性也更低、运动健身更积极。"同时，"运动能促使身体内血清素和多巴胺的合成，这些正是决定快乐情绪的脑内化学物质，可有效舒缓人的焦虑情绪。运动还可降低皮质醇含量，

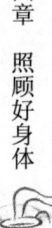

有助提高记忆力和专注力,使工作效率更高。"戴维·霍金斯医生也通过数万次实验测试得出结论:意念影响健康。积极乐观的心态,正面的念头,以及一颗慈爱的心,是健康不可缺少的因素。

一个人无论他身居何职,身处何地,不管他贫穷或富有,疾病或健康……只是生活在他的心情中。心情包括认知与情意两大部分,有理性与非理性两大因素,有句话说得好:"聪明的人,总是在寻找好心情;成功的人,总是在保持好心情;幸福的人,总在享受好心情。"一念天堂,一念地狱。"心若向暖,无处不花开",经营心情其实就是经营健康、经营人生。

学会应对压力

压力无时无刻不存在于我们的生活之中。每一个人或多或少都会面临压力，对不同的人来说，压力可能来自不同的方面，学业压力、事业压力、人际关系的压力等等。压力并非完全消极的因素，适当的压力有助于我们潜能的彰显和生发。历史哲学家汤因比在解释人类文明何以进步时提出"挑战—回应"的理论，对于个人的发展来说，这一理论也是有解释力的。但是，长期的过重的压力非常不利于我们的健康与长寿。

面对压力，是勇敢正视还是退缩逃避，这取决于我们人格的力量。在压力面前，有的人积极乐观，迎难而上，不断成长；有的人却无所适从，心浮气躁，牢骚满腹，怨天尤人，在惶惶然中一事无成；还有人身心俱疲，心力交瘁、积劳成疾，最终重病缠身甚至英年早逝。对于压力消极的反应可以导致心理失调、愤怒、憎恶、不信任、迷惘、沮丧、忧郁、孤独感和疏远感、不当的判断、注意力分散、缺乏自发性和创造性、自信心不足、筋疲力尽以及其他一些严重的健康问题。

怎样减压？途径多多。如想象一件你认为最有趣的事情，并持续回味一会儿；如找好朋友聊聊天，分享快乐时光。但最重要的恐怕还是降低欲望，学会放弃。关于压力，可以有这样一个公式：压力 = 欲望 / 拥有。即

当拥有一定时，欲望越大，压力就越大。而生活满意度＝拥有／欲望。即当拥有一定时，欲望越小，满意度越高。我们的生活中，很多东西我们并不需要；而有的东西虽需要，却并不需要那么多。学会放弃，是最有智慧的善待自我，也是最有效的减压方式。

好的生活就是有安全感、舒适感、价值感、归属感，成就感和自豪感的生活，就是没有过强外在压力和内在紧张的生活：内心充满喜乐与平安、宁静与祥和、没有怨尤、没有仇恨、没有欲壑与贪婪。许多人压力重重在于没有真正想明白一个问题：好的生活，物质的东西并不需要太多，内心的充实且闲适却很重要。

积极地面对而非逃避压力，将会变压力为动力，可以促进人的成长。压力应对的诀窍还在于学习从焦虑中发现一些积极的东西，从而驾驭压力。如果一个人不能很好地面对压力，将会导致生理、感情甚至思维紊乱，相反，如果能恰当地面对压力，则可以激发精神和身体的潜能，成为更加完美的自我。

不要吃得太饱

人类的食物种类是如此丰富：天上飞的，地上跑的，水里游的；在森林里，在原野上，在沙漠中；一切有水的地方，一切生长绿色植物的地方，都有人类的食物。对于自然界，我们除了感恩，还需要敬畏。我们首先是自然之子，其次才是万物之灵。节省物用，尽可能少地占有，珍惜每一滴水，每一粒粮食……这一切，从根本上说，都是为了人类自身的利益和健康。

在发达国家，有数据表明，在社会底层的民众中肥胖者的比例要高出社会成员的平均水平很多。上层社会的人们更注重节制饮食，特别是有意识地控制肉类等动物脂肪的摄入，以及尽量远离汉堡包等垃圾食品。上层社会的人有一个观念：如果一个人连自己的饮食都不能掌控，那他还能掌控什么呢？节制饮食，不仅有益健康，也有益于良好品格的形成。一个贪吃的人，一个饕餮之徒，既不会有好的身体，也不会有良好的个人形象。比如嗜酒者大多表现出智力低下，心脑血管疾病高发，并且大多导致餐桌上的巨额浪费。

关于吃什么比较健康，虽未完全达成共识，但如下几点不会存在太多争议。其一，多吃蔬菜；其二，多吃豆腐；其三，少吃肉，特别是猪肉；

其四,养成喝茶的习惯;其五,保持适量吃水果与干果的习惯;其六,少盐低糖多醋;其七,尽量少吃动物内脏;其八,食物多样化,不偏食不挑食;其九,根据健康状况选择食物种类与摄入量。古人总结出的"三分寒七分饱"是很有道理的,不要吃得太多,不要吃得太快,节制食欲,健康长寿。

茶是最好的饮料

据专家考证：中国是茶的故乡。中国是最早采制和饮用茶的国家。《神农本草经》中曾记述了牛首人身的炎帝"神农氏尝百草，日遇七十二毒，得茶解之"的传说。

自古以来，人们喜欢饮茶，这与茶的"芳香冠六清，溢味播九区""鲜明香色凝云液，清澈神情敌病魔"的防病治病作用密切相关。关于茶的药用功效，历代有关医药的文献中多有述及。

今天业内人士将茶的医疗保健效用总结为：生津、止渴、解热、消暑；除口臭、助消化、增进食欲；兴奋神经中枢、消除疲劳、少睡、益思；利尿、增强肾脏的排泄功能；防治维生素c缺乏病；固齿强骨；去脂、减肥、防治动脉硬化；清肝、明目、保护视力；解毒、防癌、抗衰老、延年益寿等二十多个功效。饮茶不仅能防止人体动脉硬化的产生，而且还能去脂减肥，使人不易发胖。

饮茶满足着人们的物质与精神的双重需求。人们以茶为对象，书画记事，诗赋唱和；人们以茶明志，以茶会友，以茶待客，以茶礼佛，以茶敬祖。千百年来，茶悄悄融入我们生活中的各个领域，形成独特的茶文化。随着岁月流逝和世事变迁，茶渐渐成了中华民族的举国之饮，默默地滋润

着一代又一代的炎黄子孙，而中国茶文化也形成更为深厚的内涵。

唐代是中国茶文化的成熟时期，是茶文化史上的一座里程碑。唐人将饮茶视为美的享受，以茶会友，以茶入诗，蔚然成风。茶作为普通饮品已经和酒具有同样重要的作用，唐诗中"驱愁知酒力，破睡见茶功"将二者相提并论。这有赖于禅宗的提倡。佛家有"过午不食"之说，禅宗注重禅定，这都需要通过饮茶来振作精神。茶也是中原地区与少数民族贸易的主要物品。茶税收入也因此成为国家财政的重要组成部分。

唐人视品茶为风雅之事，咏茶之作举不胜举。唐代元稹《赋茶词》云："茶，香叶，嫩芽。慕诗客，爱僧家"。唐代僧人皎然的《饮茶歌》云："一饮涤昏寐，情思爽朗满天地，再饮清我神，忽如飞雨洒轻尘。"中唐陆羽所著的《茶经》的出现标志着饮茶已经不是单纯的起补充体液的作用了，它上升为生活的艺术。

茶之味清淡、平和、甘洌，相伴国人数千年。饮茶不仅是为了解渴，饮茶也是一种心境和趣味。茶之意趣在于品，品茶是件快慰的事，人们从品茶当中还会发现很多人生哲理，寻找出为人处世之道。真正的品茶是需要有富裕的心态、空闲的时间，以及"和、静、清、寂"的氛围，才能达到神清气爽、心气平静，"其旨归于色香味，其道归于精燥洁"。古人说"莫道醉人唯美酒，茶香入心亦醉人"。饮茶的妙处不只在品其香，还在于清香袅袅中一壶在手，清心怡神，万古长空，一朝风月。

茶是清静的、内敛的，清茶素淡却隽永绵长。品茶的闲情逸致，在乎山水之间，在乎风月之间，在乎诗文之间，让人有所忘怀，有所领悟。细细地品味，慢慢地琢磨，一丝一毫也不漏掉。只有这样，才能品味出茶的意境，茶的真味。"一碗清茶谢知音，半生知己有几人？"与友烹茶长叙，如入世外桃源，喧嚣纷扰烟消云散，于茶间安享人生况味。

乌龙茶是所有茶类中最耐人寻味的茶叶，属半发酵茶，由于色泽呈青褐色也称青茶。乌龙茶的发酵程度介于绿茶和红茶之间，所以乌龙茶既有绿茶鲜浓之味，又有红茶甜醇之美。典型的乌龙茶，叶缘呈红色，叶片中间呈绿色，故有"绿茶红镶边"的美名。汤色黄红，滋味浓醇，具有独特的花香和果香，回味无穷。乌龙茶于19世纪中期由福建闽南首创，后传播到闽北、广东和台湾等地。乌龙有八仙，仙山隔云海，海海漫漫一盅盅淘尽，待饮到酣时，便觉两肋清风，心境高远。茶是经了洗礼与严寒，经了白日与黑夜，将土地的真气、日月精华尽敛一胸。

茶是文明健康的天然饮品，是中华民族对世界文化的重大贡献。茶叶在欧洲的风行，最终导致了欧洲人特别是英国人生活习惯的改变。比如，在下午5点钟喝下午茶成为许多英国家庭的习惯，成为家庭中最温馨的时刻。在世人对健康和回归自然日益关注的趋势下，茶饮必将更为深入人心，大行于天下，茶文化也将发展出更多崭新的内容和形式，焕发更夺目的姿彩。

人生才是最重要的作品

善待自己 简单生活

"善待自己"不仅要吃好、穿好、玩好；不将就、不凑合、有节制，还有很重要的一个方面就是要珍惜自己的付出，尽量从付出中收获人生体验。人生无非就是一个过程，而我们真正能够拥有的是对过程的感受：无论是酸甜苦辣，还是爱恨情仇，它们既是生活酿出的甘醇，也是滋养身心、润泽生命的养分。如果不去积攒它们，品味它们，人生就成了雁过无痕、了如春梦。专注于内心的收获，比收获功利性的东西更有价值。而当内在的收获足够多且好时，很多外在的有价值的事物也会如影随形。

如何善待自我？每个人都可以找到自己的方式。比如：

1. 注重饮食，保证充分的营养，努力做到食物多样化，做到膳食平衡；

2. 高度关注养生保健，不熬夜，不挥霍自己的生命；

3. 做一个独立的人，既不依附于人，也不要把别人扛在肩上；

4. 培养有益于身心健康的爱好，自适己意；

5. 舍得放弃和给予别人，"人生所需的不多，想要的太多"——别成为欲望的奴隶，在给予中享受快乐与美好。

6. 学会简单生活，创造与发现渗透在生活中的惊喜和美好。

古人云："布衣暖，菜根香，诗书滋味长"。倡导简朴的生活，更多地眷注内心，作为物质极大丰富时代的生活理念，是值得肯定的。时常呼朋唤友胡吃海喝的人绝大多数是不爱读书的人，他们耐不住寂寞，没有自己可以独自吟咏、自视把玩的内心世界，离开了外部刺激，他们便会感到一片荒芜、寂寞难耐、无聊至极。"以耕读为本，以勤俭为德"（明．施耐庵），这不仅适合农耕文明，对于人类的永续发展也有重要意义。耕，代表着物质生产，以及人类与自然的联结；而读，则代表着精神生活，以及人与人之间的交往。在大江南北许多古宅的门框上都可看到"耕读传家久，诗书继世长"的楹联或"耕读传家"的匾额。我们祖先的晴耕雨读，日耕夜读，传承着文明的薪火，也享受着简单而又诗意人生。

"断舍离"这一概念由日本人山下英子提出，是近年来新兴的简单生活理念：断＝不买、不收取不需要的东西；舍＝及时处理掉堆放在家里没有用的物品；离＝舍弃对物质的迷恋，让自己处于宽敞舒适、自由自在的空间。一些人这也舍不得、那也舍不得，囤积在家里，越积越多，家中凌乱不堪。一些自己觉得没有用的东西，最好放在别人可以捡拾到的地方，或许别人用得着，物尽其用，这样可以避免浪费。过朴素、简单的生活，拒绝奢华，杜绝浪费，我们每个人都有努力作为的空间。

第五章
养护好心灵

"看山看水看世道，想天想地想风光"，这是反映美好心灵的一副对联。上联"看山看水看世道"说的是山水相连，构成了自然的奇妙景观，人们通过游山玩水亲近自然，沐浴灵府，润泽生命。世道人心，是另类的风景：多少人蝇营狗苟、豕突狼奔，全然没有意识到"人生需要的不多，想要的太多"，钩心斗角、投机钻营纯属徒劳。超然物外、寄情山水，衣食无忧就可以做到，而无需万贯家财。下联 "想天想地想风光"，说的是我们要学会放弃，享受闲暇，眷顾内心，去探寻宇宙自然的奥秘，去领悟妙曼人生的真谛，这样才能俯仰于天地之间，这才是人生真正的好"风光"。

回族

人是身、心、灵的统一体

作为发展完整的人，有身、心、灵三个层面。身即生理，身体，更多体现的是人的自然属性，也就是人的动物性。很多人的发展大多停留在身的层面，重视吃与痴迷于性，仿佛活着就是为了吃，时常不惜耗时费力去很远的地方，仅仅为了满足口欲。至于满足性欲就更是煞费苦心，不择手段。至于心的层面，多数人也有羞耻心、同情心、感恩心、欢喜心，但更多的仍是功利心。人作为精神的存在，灵的层面才是最高的确证和表征，灵表现在超越自我局限着眼于宇宙万物的民胞物与的思想与情怀。

人具有自然生命，是自然界的一部分；人还具有社会生命，人只有在社会中才能生存、发展和享受；而人真正区别于动物的，是人的精神生命。人对于意义的追求是人具有精神性的一个证明。"生年不满百，常怀千岁忧"，人们有对于永恒与不朽的追求。假如人们能够确认100后，哪怕是1000年后，人类将不复存在，我们会觉得今天做很多事情都没有意义，这也是人具有精神性的一个证明。看电视剧或电影，明明知道故事情节是虚构的，我们仍会被一些情节感动得泪眼蒙眬。人具有精神性，是人之所以高贵的缘由。也正是在这个意义上，我们可以说，人真正的生命是人的思想，人的精神。

"灵"主要指精神和灵性状态,即人对意义的追求和对世界进行认识与理解的智慧。灵性是相对于机械性而言的。对于意义的追求,或许是我们生活的这个星球上最灿烂辉煌的事情。正因为有人们对意义的追求,才有了艺术、哲学、宗教、道德以及理论建树,才有了人间正义及对正义的守护,才有了对高尚人格的推崇,才有了历史的审判和良心的谴责……意义饱含着人对于现实的超越性,标识着人对世界理解的精神性向度。人不仅能够超越动物的本能,也能够超越可视的环境与条件,成为意义的创造者、追求者和体现者。"太上有立德,其次有立功,其次有立言,虽久不废,此之谓三不朽。"这段话出自《左传·襄公二十四年》,这也是几千年来中国士大夫阶层极力推崇的"三不朽"或"三立",自然生命有终结,人唯有高贵的精神生命才能不朽。

精神高贵意味着什么

活着不等于生活着。作为大写的人的生活,最根本的应为精神生活。精神生活包括认知、交往和审美,它会造就一个人的精神世界。精神世界有这样相互联系的三个维度:广阔与丰富(它相对于逼仄与贫乏),独特与深刻(它相对于平庸与浅薄),纯美与高贵(它相对于污秽与卑下)。要使精神世界变得广阔与丰富,相对来说,并不困难,只要勤于学习就可以:向自然学习,向书本学习,向他人学习,从自己的经历中学习;处理好学与习、学与思、学与问、学与行的关系,勤于积累,善于总结。要使精神世界变得独特和深刻,不仅需要良好的先天禀赋,也需要受到良好的思维训练乃至学术训练。而要使精神世界变得纯美与高贵,这不仅需要良好的生存境况,也需要有自觉的对于生命境界的追求。

"精神高贵"意味着:1. 民胞物与的平等与悲悯情怀;2. 对于美好事物和高尚人格的欣赏、推崇与讴歌;3. 对于智慧卓越的追捧和文明成就的赞美;4. 乐观、积极的情绪表达;5. 包容、风趣、幽默;6. 虔诚的信仰,保持道德底线。传统中国的许多家庭,尤其是祠堂,供奉着"天地君亲师"的牌位。这很好地表征了中国人的信仰系统。"天"远非自然的"天空",它意味着"神"与神圣,成为人们膜拜与敬畏的对象。"地",大地

母亲，生养万物，也养育着我们人类。君，君王，意味着对世俗的权威的认同。有人建议改为"天地国亲师"，也有人建议改为"天地圣亲师"，都有道理。但"圣"更好，"圣"即个人的发展达到了完美境界的人，精神高贵的人。亲，即父母，亲人。师，老师，师长，精神文化的传承者。中国人的这一信仰系统，值得修复与光大。

如何造就精神高贵？每个人都有努力的空间。孟子说："富贵不能淫，贫贱不能移，威武不能屈"，《朱子治家格言》说："见富贵者而生谄容，最可耻；见贫贱者而作骄态，贱莫甚"。精神高贵的人捍卫生命尊严，他们挺拔地生活着，平等地与所有人交往，不必也不会点头哈腰、卑躬屈膝、察言观色、见风使舵、逆来顺受、忍气吞声、仰人鼻息、自轻自贱……精神高贵的人会把眼光投向广阔的世界，去关注人类，关注我们生活于其中的世界，关注其他物种……成为一个不断走向更广阔的自我，而不是在狭隘的自我的小天地中自怨自艾、自怜自伤。

精神高贵的人乐于给予。乐于给予和舍弃是一种美德，更是一种生活智慧。人们并非因为富有才乐于给予，而是因为乐于给予而变得富有。在生活中，总会有一些物品我们用不着了，但它们仍有使用价值，送给别人，或者放在别人可以拾到的地方，让它们在有需要的人那里继续发挥作用，这有助于做到物尽其用。有不少人，一些物品明明用不着了，仍舍不得给予别人，留在家里一来浪费，二来挤占生活空间，妨碍生活质量的提高。放在家里若干年后，终于有一天发现用不着了，这时它对所有人也可能都没有使用价值了。一个人究竟能不能站在人类整体利益上思考问题，体现了他是不是精神高贵。

精神高贵的人心中有正义和真理的位置，他有超越个人利害得失的精神关注，关注超越个人和个人所归属的小团体的私利的公共事务，关注人类的核心价值在生活中的体现，如果一个人的心中只有蝇营狗苟，他的"精气神"就不会好。精神高贵的人也有追求永恒的自觉，他们既活在当下，也能气定神闲地追求高远的目标。他们的精神生命会在无尽的未来熠熠生辉，他们时刻在自己瞩望的时空中纵横驰骋。

人生才是最重要的作品

每个人都活在自己的心里

人有各种各样的活法，无非都活在自己的"心"里。我们总是透过自己的心去"看"世界，我们有着自己的心思、心意、心情、心态、心结……爱恨情仇、喜怒哀乐、善缘孽缘、天堂地狱，一切从心开始。"心若在，梦就在。"

一个人所能拥有的最辉煌的财富是有一颗伟大的心灵：丰富而非贫乏、深刻而非肤浅、广博而非狭隘、高贵而非卑贱的心灵。司马光与王阳明，康德与罗素、罗斯福与丘吉尔，特蕾莎与曼德拉……他们是有着伟大心灵的人。还有一些人，看上去"建功立业"了，如历史上的一些枭雄和奸佞之徒，可他们没有伟大心灵，他们成功了，却并不伟大。

如何才能拥有一颗伟大的心灵？除了需要天赋，还需要后天的努力与机遇。可以肯定的是，它一定需要自觉的高远的追求，需要一种舍我其谁的勇气与担当。罗素曾说："三种朴素而强烈的激情主宰了我的一生——对爱的追求，对真理的热爱和对人类苦难的深切同情"。伟大心灵里一定有悲天悯人、民胞物与、铁肩担道义的情怀。一个只求苟活的人，一个不能把社会公正置于价值序列首要地位的人，一个眼界狭窄的人，一个内心平庸与贫乏的人，注定不能拥有伟大的心灵。

人生最美好的境界莫过于心灵的自由。它意味着不惑——不迷惘，不茫然；不忧——没有后顾之忧；不惧——很有安全感，内心没有恐惧。被物欲蒙蔽的心灵恐怕永远无法真正理解比物质和金钱更宝贵的价值还有很多，这其中包括内心的自由与安宁。其实，我们的祖先就已经认识到，"宁可清贫自乐，不可浊富多忧"。内心安宁和自由就能生出闲情逸致来，就能感受到"好鸟枝头亦朋友，落花水面亦文章"。倘若一个人能享受笔墨情趣，善于凝聚飘零的记忆，或是"丹青能使丑者妍"，精气神更是一等一的好。

内心的丰盈也很重要，它是生发幸福感的关键因素。内心的丰盈可以从以下几个方面来努力：

1. 总是有大大小小的期待。有想见的人，想赴的约，想去的地方，想做的事……内心中充满了大大小小的期盼。

2. 尽可能充分详尽地了解我们生活的世界。包括全球各地的风土人情，各国的政治制度与产业优势，各国的文明程度与对人类的贡献……

3. 有情有独钟的人、事、物。包括有自己热衷的活动，一些钟爱之物的积攒与收藏。

4. 更多地走进古往今来的杰出人物：他们的品性，他们的心路历程，他们的成就与对人类的贡献……

5. 养成仔细琢磨、品味和穷根究底追问的习惯。这意味着不满足于似懂非懂、一知半解，而是努力做到理解的通透、做到对相关问题解释的合理与充分。

一个人的生活，在很大程度上是内心的生活。人们说："一切从心开

始""境由心生",用哲学的语言表达就是:你真正的生命是你的思想,你的思想就是你的处境。对于许多人来说,尤其是受过高等教育的人来说,如果内心贫乏,如果空虚无聊,如果处于贫困之中,如果生活得很不幸福,那主要要由自己负责。守护好自己的心,时时向内心求真理,养育并叩问出一颗刚柔相济、冷暖自知并有所发现的心,对于每个人都很重要。

境由心造

《吕氏春秋》里记录了一个"疑邻窃斧"的故事：有个人丢了一把斧子，他怀疑是邻居偷了，于是他只要看到邻居，就觉得邻居的一举一动都像是偷了斧子，不论是神态、走路、说话还是干活，都像是偷斧贼。后来他在自己家里面找到了斧子，再看见邻居时，怎么看也不像是偷斧子的。在这个人心中，认定邻居是什么，就看到邻居像什么。

国外有个著名导演拍了一部城市宣传片拿给偏远山村的土著看，土著们看完都在说其中的一只鸡。导演很纳闷，我拍的主要是高楼大厦、灯红酒绿呀，怎么土著们都在讨论鸡呢？于是他回看了一下自己拍的片子，才发现有一个不到一秒的镜头拍到了一只意外闯入的鸡。在土著人心中，以往的经验里只有鸡，所以他们在城市宣传片里只看到了鸡，高楼大厦都忽略了。

这两个故事都告诉我们一个道理，一个人心中有什么，就可能看到什么，而对心中没有的东西会视而不见置若罔闻。人的内心越美好，就更可能看到美好；人的内心越丑恶，就更可能看到丑恶。心怀鬼胎的人更容易碰到鬼，心存敬畏的人更容易梦见神迹。这便是一种境由心造，一个人所感受、看到并相信的境况其实是自己内心构造出来的。喜乐的心构造出喜

乐的境况，光明的心构造出光明的境况，精神病人的心构造出光怪陆离的境况。"一念天堂，一念地狱"，天堂和地狱，都是人心的构造。

许多境况，尤其是奇特的境况，都只可意会不可言传，不是当事人内心构造出的境况不可用语言表达出来，而是这种境况无法用语言让对方也身临其境并相信它确实存在。所以当一个精神病人向你描述那些不可思议的景象和体验时，你不要认为那只是胡说八道，更有可能是他们内心真实构造出了这些景象，你认为的"胡说八道"在他们那里是"千真万确"。正如"井蛙不可语海、夏虫不可语冰"，正常人是不可语"奇妙"的。精神病人的内心着了魔，他们生活在一个自己确信无疑的魔幻世界，入戏太深，忘了回到正常的人间烟火中。

我们说"不可以小人之心度君子之腹"，那是因为小人与君子的内心完全是两种不同的景象。小人不可度君子，君子其实也难以度小人，除非他自己内心愿意改变。齐豫唱过一首很好听的歌《梦田》："每个人心里一亩田，用它来种什么？用它来种什么？种桃种李种春风……"为什么要在心田种桃种李种春风？因为桃、李、春风象征的是美好与诗意，心中充盈着美好与诗意，就更有可能诗意地栖居在美好的境况里。当然，现实或许并非如此，但心若荒漠，现实只会雪上加霜。

人是自我定义的产物

人是自我定义、自我求取的成果。我们每一个人都应该认真严肃地给自我一个定义：我是谁？我是一个怎样的人，我可能成为一个怎样的更好的人。

在一个情境中，当你觉得自己无足轻重、可有可无时，你不会变得有影响力。当你认为自己是这一场合的核心人物时，你就会变得投入、审慎和情绪饱满。从事一项工作，当你自我定义为混口饭吃时，你的责任感和主动性就会大打折扣；当你自我定义为开创一项事业时，你会有更多的工作激情和创造性。

如果你觉得自己就是一介布衣，一个小民，那你就不可能像社会精英一样思考和待人接物，你更多的关注仅仅是自己那点得失，你不太可能有人类意识，不可能站在人类整体福利的角度思考问题。只有当一个人在内心确认自己是一个高贵的存在，他才不会做龌龊之事，他才能有所为而有所不为，而当一个人给自己定位于社会精英时，他就会更多关注国家、社会乃至人类文明进步的方向。

一个人的自我形象在很大程度上决定着他的所思所想，所作所为。那自我形象是怎么形成的呢？社会心理学家库利提出了一个概念叫"镜像自

我",是指个体把别人当作镜子来进行自我感知。之后社会学家乔治·米德进一步完善了这个观点,指出与我们的自我概念有关的并不是别人实际上如何评价我们,而是我们觉得他们如何评价我们——因此,我眼中的自己,其实是我看到的那个你眼里的"我"。

每一个人既是环境的产物,同时也是自我的作品。人们愈强调后者,就会愈加有超越自我的内在动力。因此,我们常常需要从怯懦、委琐、狭隘、偏见、自满、傲慢、冷漠和麻木中超越出来,这些都是我们社会生命与精神生命中的瑕疵。瑕疵愈多,我们生命的品质就愈低。剔除瑕疵的过程就是不断超越自我的过程。常常反思和检视自己的观念,使自己的观念尽可能高级、先进、阔大一点,就会使自己站得更高、看得更远,见识更卓越,眼界更开阔。

心中的价值序位

我们可以通过诸多途径认识自我，其中之一就是弄明白自己的价值排序。每一个人心中都有一个大体稳定的价值序列，构成这个价值序列的元素可能有：信仰、自由、健康、长寿、享乐、成就、荣誉、地位、权力、财富、声望、友情、亲情、爱情、礼貌等等。所谓价值排序就是：这些元素你比较看重什么？究竟哪些元素会置于优先的地位？哪些你根本就不怎么在乎？当它们之间发生冲突时，比如亲情与财富、健康与享受、友情与爱情、自由与礼貌发生冲突时，你会倾向于哪一方？这也可视为价值澄清，一个更为自觉地对自我心灵的关照的方式与策略。

英国舆观调查公司对全世界17个国家的18235人进行了调查，要求受访者对生活的12个重要领域（爱情、健康、金钱、家庭、自由时间、自有住宅、精神进步、事业成功、创造性得到发挥、道德、外貌和权力）进行排序。调查发现，西方国家的人将爱情、健康、金钱排在前三位；东方国家的人排前三位的分别为健康、金钱、家庭，爱情排在第七位。（《参考消息》，2015年12月27日，P6）无论中外，每个人的头脑中都自觉不自觉地有一个价值排序，正是这种排序影响乃至决定着一个人的言行，决定着他是一个怎样的人。

人生才是最重要的作品

　　个人的价值排序没有正确与错误之分，却有人生境界的高下之别。它反映了一个人的追求与意趣，在不同的年龄阶段也会不尽相同。一个人除了个人的生活理想，还可以也应该有社会理想。在社会理想中，也有价值排序的问题：你更看重富裕，还是更看重公平？更强调民主，还是更强调法治？许多人没有自觉的人生理想，更没有明确的社会理想。这属于个人的发展程度不高。

　　从某种意义上讲，人与人的差别即价值观的差别，而价值观的差别又主要体现在价值排序的不同。绝大多数人所崇尚的价值元素是相同的，差别仅仅在于其价值元素的排序。比如对于"健康、长寿、享乐、奉献、创造、追求永恒"这些价值元素，你会怎样排序？健康与长寿是人类亘古不变的追求，可以排在价值序列的首要地位。紧随其后的可以是享乐。大多数人并不欣赏"苦行僧"的生活，我们对为实践某种信仰而实行自我节制、自我磨炼、拒绝物质和肉体的引诱，忍受恶劣环境压迫的人充满敬畏，但更应该主张并践行"乐活"。奉献包括对亲人朋友的关爱与给予，对社会公平正义的守护，对自由民主法治社会的吁求，这也是可以排在前列的价值元素。创造是一个人才情、学识与智慧最集中的一种体现。人类文明的进步就得益于许多个人的创造、发现与发明。如果把永恒与不朽作为重要的价值和目标来追求，一个人会更多地创造，"立言"便是创造的一种。

　　认识自我，一定包括对自己心中价值排序的自觉。

乘着智慧的翅膀飞翔

网上有个帖子中有这样的话:"上等人谈智慧;中等人谈事情;下等人谈是非;"将人分为上等、中等、下等,这种观念是不够水准和没有境界的,但它提醒我们,智慧是至关重要的,做一个受人尊敬和受人欢迎的人就应该多分享智慧,少搬弄是非。

衡量一个人的发展水平最重要的尺度是智慧能力的发展程度。孔子说"智、仁、勇,天下三达德",智慧排在首位。"智慧能力"包括理性精神与认知能力两个大的方面。理性精神包括客观、尊重事实与逻辑、勇于承认与修正错误、乐于自我反思、服膺真理、开放与包容等。一个具有理性精神的人,一定是讲理的人,而非专横、霸道与颟顸之人,他的道德修养也一定不会差到哪里去。智慧能力的另一个重要方面是认知能力,包括感受力、记忆力、思考力、想象力、创造力,其发展水平受天赋、经验、学识积累、认知策略等因素的影响。

智慧有三个层次,其一为捕捉信息的能力。主要是通过阅读与观察,占有与储存信息,过目成诵,博闻强记都是这一层次智慧能力的极致。其二为解读信息的能力。解读信息的过程也伴随着生成新信息的过程。生成的有价值的信息越多,意味着这一层次的智慧能力越高。其三为建构知识

与创新的能力。包括提出新的概念、命题和理论等等。孔子讲"生而知之者，上也；学而知之者，次也；困而学之，又其次也；困而不学，民斯为下矣"。孔子按人的智慧能力将人分为四等，能够创造和生产知识的人是第一流的。

理智与激情是一个人心理的两个肢膀，少了任何一个心灵乃至人生都无法飞翔。"没有激情，任何伟业都不可能善始，没有理智，任何壮举都不能善终。"这话说得很好，好就好在它表明激情是动力，而理智则保证人们的努力始终在正确的航道。世界上优秀的民族都是高度理性的民族，或者说都是理智高度发达的民族。看不清事情的真相，参不透事情的玄机，抓不住事物的本质，容易冲动，不顾后果，意气用事，是一个人也是一个民族幼稚、浅薄、不成熟的表现。

聪慧，有头脑，不论在工作中，还是在家庭生活中都很重要。没有头脑的人，轻则好心办坏事，严重的还会是非不分，助纣为虐。如果一个人不够智慧，他（她）也很难与其伙伴建立起默契的关系。有人发现：离婚的最主要原因不是出轨，而是孤独，即没有共同语言，缺乏沟通与交流。夫妻之间没有话可说，其中的原因有可能是某一方过于贫乏，不够聪慧，引不起另一方表达的欲望。

一个人的睿智与深刻，与她的天资禀赋有关，也与后天的学识积累、生活积累有关，更与受没受过良好的思维训练、掌没掌握科学研究的方法有关。重视理论学习、普及科学的思维方式、提高每个人的智慧能力，对社会的文明进步十分必要。

爱使人出类拔萃

爱是一种积极的、真诚的情感，它混合着"欣赏、依恋、怜惜、珍视、赞美、用心呵护、乐于给予与奉献，甚至为了对方可以舍生忘死"等元素。爱是一个人的心灵与世界最温暖、温柔、温馨的抚慰。每一个人都可以因为有对世界、对生活的爱而活色生香。诺贝尔文学奖得主意大利诗人萨尔瓦多·夸齐莫多说："爱，以神奇的力量，使我出类拔萃。"

人本主义心理学家弗洛姆在《爱的艺术》一书中，概括出了"成熟的爱"的五个因素，依次为"了解、尊重、关怀、责任、给予"。这个总结是非常精准的：没有了解，爱就是盲目的；没有尊重，爱就会演变为对对方的支配与控制；没有关怀，爱就是空洞与苍白的；没有责任，爱就是轻薄乃至虚假的；没有给予，爱就是吝啬与贫瘠的。当你深爱一个人，你会把真诚的赞美、珍贵的礼物以及自己美好的一面毫无保留地给对方。

我们怎么样就会有爱呢？这取决于我们对所爱的那个对象的认识与理解。如果我们认为那个对象是"虚伪（虚假）的、不对的（错误的）、有害的、丑陋的"，那我们就很难"爱上"和"爱着"对方。人的认识有一定的主观性，也就是说它会受人的价值观念、思维方式和审美趣味的影响。但"认识对象"本身怎么样、是不是值得爱，同样具有决定性的影

响。对于"假恶丑",我们不能完全选择无视或掩饰,爱与悲悯,是消解和抵御"假恶丑"不可或缺的元素。也正是如此,我们推崇"真善美"还不够,还应加上"爱"。当一个人拥有爱,首先自己是最大的受益者。其次,爱会使人性散发出光辉,温润与光耀他人。

值得爱的对象很多,首先是爱生命。生命世界里,人类的生命最为可贵。像蚊子、苍蝇,它们也是生命,但它们会危害人类的生命,所以我们要消灭它们。人类的爱通常以人类的生存、发展和享受为归依,爱人类也必然延伸为爱真理、爱正义、爱自由,因为它们有利于人类的生存、发展与享受。对人类个体而言,"生命"表现为"生活"。而"生活"中,健康、卫生、学习、劳动、锻炼、养生、灵修、亲密关系的建立、体验的丰富、探索的冲动、创造、自我实现都是重要内容,也就是我们应该爱的对象。

爱,也体现在对对方严格要求和更高期待上,尤其在亲人之间。"恨铁不成钢",就属于这种情况。爱一个人,除了完整的接纳,也会有更高的期待。假如你对一个人,他爱咋的就咋的,根本不抱期待,更不作任何要求,那是因为你觉得他与你无关,你对他没有深深的爱。

幸福是暖暖的心流

幸福是内心的感觉，包括自豪感、意义感、价值感、目的感、优越感、舒适感等等。一个人内心感受到的积极情感越多会越幸福。

自豪感无疑属于人们的积极情感，它可以来自诸多方面：如果我们的国家，属于世界一流国家，我们会有更为强烈的作为国民的自豪感；如果我们的民族，属于世界非常优秀的民族，我们也会有一种非常真实而厚重的民族自豪感；如果我们的亲友中有非常卓越的人物，我们会因此而感到自豪；如果我们生活的地区有特别的令人骄傲之处，我们会有作为当地主人的自豪感……而被许多人忽略的一点就是：所有的人，作为人本身就是特别值得自豪的。人真真切切地属于万物之灵，在我们生活的星球上，有数以千万计的生物，但好像没有任何一种生物比人类的食物种类更丰富。许多的动物都只有很有限的食物种类，它们的生理机能是特定化的。动物进食基本只是为了解除由于内分泌所导致的饥饿感，它们经常茹毛饮血、狼吞虎咽，而人类可以享受自己创造的饮食文化：从烹饪技法到餐桌礼仪，从茶道到行酒令，在细嚼慢咽中品尝美食。人有卓著的发现能力和创造能力，在广袤的宇宙中，还没有发现比人类更为高级的智慧生物。

意义感和价值感是相互关联的两个概念，它们都可以视为幸福感的

元素。所谓"意义感",即对自己的所作所为的社会价值的体认,那种在自以为正确目标导向下的自觉努力与追求,并相信这种努力能最终会让世界变得更美好。而"价值感"是指个体对于自我在社会生活中的重要性的内心体认,二者互为因果。心理学家阿德勒认为,生活的真正意义在于奉献、社会兴趣以及互助合作。专注于有价值的目标,伴随着的一定是淡化个人的生活琐事,而将关注的目光投放到有关社会的文明进步的种种努力之中。意义感、价值感都能使个人的"精气神"更旺盛,使免疫系统更强大,使身体更健康,并推高个人的幸福感。

目的感与使命感、责任感相关联,反映着一个人的理想、追求、期待与向往。"目的"相对于"目标"而言,它更具有终极和形而上的意味。"目的"可以分解为许多具体的、阶段性的目标。"心中有目标,脚下有力量。"当人们努力的目标明确时,行动的动力也会更足。如果在貌似日复一日的庸常生活中有为之努力的具体目标时,我们会生活得更充实。如果一个人能把个人目标与人类文明的进步联系在一起,自觉地为文明进步贡献努力与智慧,他就会拥有一种崇高感、优越感和自豪感,这会进一步增加幸福的感觉。

优越感也能让人体会幸福。所谓优越感即主观上认定自己在某些方面优越于别人(尤其是自己身边的人)而带来的良好的自我感觉。幸福指数高的人或多或少都会有优越感。但个人的优越感却不宜太多的展示出来。优越感的存在本身也可视为"人是社会的动物"的一个证明。因为优越感涉及人与人,尤其是关系比较亲近的人之间的比较,而人有争强好胜的一面,所以要尽可能淡化自我优越感,努力做到"悦纳自我与低调谦和的统一"。一个有修养的人会尽可能让别人有流露优越感的机会。

　　幸福感中有一个重要元素是舒适感。舒适感除了受物质生活条件的影响，更主要的受人们健康状况的影响。幸福的体验中还包括"专注、沉浸、浸润"。一个无所用心、心猿意马的人，很难有"既充实又闲适"的内心体验。孟子说的"掘井及泉"的"及"是"到达"之意，当你能触摸到汩汩流淌的清泉时，内心就会有一种清爽、清澈与澄明，就会有暖暖的心流。

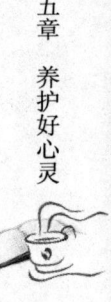

人生才是最重要的作品

真正的英雄主义

　　人世间有许多美好的东西：健康、智慧、财富、闲暇、权力、成就、声望、爱情、亲情、友谊、高贵的教养、个人魅力等。这么多好东西，一个人要同时具有其中的五项，就很不错了。通常的情况是有健康的人，不见得有财富与权力；而有财富与权力的人，不见得就有闲暇与智慧；有闲暇与智慧的人，不见得就有爱情与友谊；有爱情与友谊的人，不见得就有高贵的教养与个人魅力……即使这些都拥有，最终也都会丧失健康并撒手人寰。大概也正是在这个意义上，罗曼·罗兰才说："世界上只有一种真正的英雄主义，那就是在认清生活的真相后依然热爱生活。"（《米开朗琪罗》），李叔同先生才会有"悲欣交集"的大彻大悟。

　　林语堂在《人生不过如此》中说："从某种程度上说，人生不完满是常态，而圆满则是非常态，就如同'月圆为少月缺为多'道理是一样的。如此理解世界和人生，那么我们就会很快变得通达起来，也逍遥自适得多，苦恼与晦暗也会随风而去了"。何谓圆满，何谓残缺，人们的理解会不尽相同。比如个子不够高、不够英俊、错过了某个人或机会等等，都是不圆满。"人生不如意者常八九"，但是我们可以常想"一二"，人生充满了缺憾，但仍旧十分美好。

生活有时会在不经意间会给人沉重的一击，让人猝不及防，使原本井然有序的生活变得七零八落。疾病的困扰，现实的无奈，灾祸的降临，所有这一切，使得人对生命的自觉意识充满悲情。不过，正如席慕蓉在诗中所言"生命原本是不断地受伤与不断地复原，世界依然是一个等待着我们成熟的果园。天这样蓝，树这样绿，生命原本是这样的安宁与美丽。"约翰·肖尔斯也说"没有不可治愈的伤痛，没有不能结束的沉沦。所有失去的，会以另一种方式归来。"不管怎样，人类讴歌的仍是乐观面对人生的积极姿态，人生的意义也在于在不完美中追求完美，而不是屈服于命运。

在我们漫长的一生中，因为种种的原因，总难以避免的会有一些难挨的时刻，甚至是至暗时刻。我们可以把这些特殊的境遇当作上苍赐给我们洞悉人性事理的机遇，无论多么沮丧，多么艰难，始终心存敬畏，心存感恩，心存善良，心存美好，憧憬着雪后初霁的光景，相信着雨后的彩虹终究会出现。当奇迹和希望变成现实时，那段灰暗的时光，会变成记忆，变成光芒闪烁的天幕。

怨恨是人们所有情绪中最不明智的任性，因为它无助于问题的解决，伤害的只有自己。接受现实，心中没有怨尤，尽人事而顺天命，这是人生的一种高度，一种境界。不是所有人都会因为年岁的增长而自然而然地到达这一境界，他需要经历许多磨砺和挣扎。生存境况与生命境界是一个相互影响的过程，这二者谁是更具有决定性的一方，则可以反映一个人的发展程度。完全可以说，人与人的差别，核心就是发展程度的差别。发展程度高的人，并不是他们的生活中就不存在问题，而是他们能够正确地面对问题，实现与生活的和解。

人生才是最重要的作品

美学家蒋勋在《祝福》一诗中写道:"感觉着生命的悲哀,还可以欢笑的,请受我深深地祝福!"不管怎样,都要热爱生活,都要活得风生水起、活色生香。因为,这是人们在若干选择中所能作出的最好的选择,这是真正的英雄主义。

》》》第六章
经营好成长

　　没有走遍过千山万水的人，很难获得一种人生的豪迈。没有亲临若干个理论大厦而一探究竟的人，很难获得清明的智慧。没有受过思想方法训练的人，很难摆脱狭隘与肤浅。在我们的所作所为之中，有一件很有价值的就是不断成长，成就自我。

满族

成长是生命中永恒的主题

成长指能惠及个人成为一个更好的自己的所有过程。因为成长,生命才会越来越成熟、完美、精彩,才会实现内在的价值和意义。从字面上理解成长,有两层含义,一是成为自己,二是长进能力。成为自己意味着做有个性的自己,每个生命都是独特的,都有自己特殊的潜能和才华;长进能力意味着做最好的自己,每个生命都是有潜能的,都能不断超越自己创造奇迹。成长的过程包括:认知能力的发展,情感态度价值观的形成,探索和解决问题的技能的提高,身体活力的保持与增强等。

如果一个人始终能够把"生命成长"作为个人的追求,专注于自己的生命成长,其他一切,诸如财富、声望、友情、爱情等都不过是如影随形的副产品,他的生存境况一定不错,生命境界也会比较高。因此,发展自我,成就自我,是人们的一生中最有意义、最不会后悔、最不会感觉徒劳的事情。一个发展程度高的人,她所拥有的人生乐趣,她所领略到的光风霁月,那是发展程度低的人所无法想象得到的。

个人成长也是道德责任的重要组成部分。把自己看成道德主体的人必然会重视自己的能力发展。要作出负责任的决定不仅需要充足有用的信息,而且需要个人的智慧和能力。因此,道德主体非常看重通过自己的能

力自主作出明智的抉择，从而促进自身的成长。作为"迷恋人的成长"的教师，更应该关注自身的成长，因为没有教师的生命成长，学生的生命成长就缺乏鲜活的榜样和充满激情的引领。

一个人的成长受很多很多因素的影响，天赋、个人努力、机遇、社会与文化资本等都是重要因素。但是只要你愿意，每一个人都可以变得更好，这无关年龄，无关境遇，无关智愚。因为即使一切都不改变，人们仍然有努力的空间。我们是自我成长的最大受益者，成长的过程就是不断地从狭隘走向广阔、从逼仄走向敞亮的过程。成长会在我们的内心形成一个广袤的、可以攻守自如、进退由己的领地，心灵在这里安详地、诗意地栖居着。

成长的具体方式多种多样，包括：极大地丰富语言词汇，努力习得和驾驭高级的、复杂的语言；尽可能多地掌握多种有关自然、社会、人生的各种理论学说，并力图建构自己对世界的解释框架；尽可能去见识各种风景名胜，在自己的心中装着一个鲜活而丰富的世界；结识各种各样的人，与人建立起亲密关系，赢得真正的朋友；提升生命表达能力，用各种各样的方式表达和展示自我，包括：文字创作、作曲、绘画、书法、演奏、收藏、科学发现、技术发明、设计……

发展程度高的人

许多现象和问题都可以用"人的发展程度"来解释。比如：一个国家之所以落后，是因为它的国民的发展程度不够理想；一所学校的教育质量不够高，是因为师资力量不够强；一个人的言行不够水准，是因为他的发展程度的局限……总之，几乎所有事情的成功或失败都是因为人的原因。个人的发展程度与社会的文明水准之间双向互动，互为前提，互为因果，互为表里。一个发展程度高的人，可能享受着更好的生活，也更有可能成为好社会的建设者，而社会的发展也能为个人发展和好的生活提供更好的条件。

一个发展程度高的人的所思所想、所作所为，大体上不会离谱。相反，一个发展程度低的人，就难免顾此失彼、首鼠两端。在现实生活中你会发现，发展程度比较高的人，都比较开朗、坦诚、磊落、待人真诚，在单位比较受重用，业务做得比较红火，个人的成就比较大，个人的社会声望也比较高。相反，那些说话躲躲闪闪，欲言又止，敷衍糊弄的人，都不太行。这是因为，发展程度高的人，更容易赢得别人的信任。

一个发展程度比较高的人究竟是什么样？思考这个问题，对所有人都具有"自我暗示、自我导向"的意义。对此，有些共识是可以达成的。发

展程度比较高的人大多具有以下特征:

1. 有比较客观的自我认识。他能悦纳自我,对自己的人生有比较高的满意度;他不屑于与人攀比,更不会太在意别人的评论,他知道自己的优长,也知道自己的不足与局限。只有那些发展程度不高的人,才会总想着装模作样,不放过任何的耀武扬威的机会,甚至挖空心思、不惜掠人之美让自己扬名立万。

2. 有清晰、明确的努力目标,其目标的实现不仅能够成就一个更好的自我,且具有推动社会文明进步的价值;

3. 能够平等地与所有人交往,有彻底的"众生平等"的观念,在与人交往时,不会虚与委蛇,装腔作势,更不可能低三下四,自轻自贱。当然也不会狐假虎威,欺软怕硬。

4. 有民胞物与、悲天悯人的生命情怀;

5. 具有公共意识,自觉地守护人类的核心价值。这个"形象"不宜"高大全",如果用一句话表达,发展程度高的人就是"具有创造幸福人生能力的成熟公民"。

一个人的自私、狭隘、愚顽、嫉妒、麻木等等都属于发展程度的问题,一个人"三观不正""言行不一"等类似缺陷同样属于发展程度问题。而我们每一个人的发展都取决于我们直接或间接交往的所有人的发展。因此,要尽可能多地与有修养、有见识、有境界的人交往。我们社会中这样的人很少,这是社会的发展程度不高的表现。个人与社会,互为因果,相互生成。也正因为这样,我们也特别需要在意我们言论与行动的社会影响。

人的发展可以说是无止境的。尽可能使自己的发展程度高一点，最大的受益者首先是自己，我们的发展程度愈高，对世界的观察与理解就愈宽广，也更能看到更多的人看不到的非常之观。

人生才是最重要的作品

高品质的学习

在汉语中,"学习"是一个合成词,包括"学"(即获取信息的行为与过程,它可以通过观察、倾听、阅读来实现)和"习"(即认知加工和动作模仿练习的过程,它包括复习、温习、练习、实习)。学习是多种多样的,大体上包括如下四种类型:

1. 在环境中,通过观察以及耳濡目染进行学习。

2. 通过阅读进行学习。其学习成效既取决于阅读材料的品质,也取决于阅读品质自身。

3. 通过交往进行学习。对所有人来说,都存在"书不尽言,言不尽意"的问题。因此,现实的人际交往能使人获得从书本中无法获得的某些鲜活、微妙却极富成长价值的养分。

4. 通过研究、探索进行学习。这类高级的学习能力有赖于教育加以发展,这四类学习都具有各自的价值。

成长一定离不开学习,要成为"知人知物知天地,晓情晓理晓悲悯"的谦谦君子,需要通过学习心理学、伦理学和生命哲学等知人;通过学习生物学、矿物学、物理学、化学等知物;通过学习天文地理等知天地……任何领域成功与杰出的人,无一例外都是善于学习的高手。学习的品质愈高对个人的成长意义就愈大。许多人的发展程度不高,学习品质不高是一个非常重要的原因,比如:学习的主动性和自觉性不够强;学习的内容和资源价值不高;学习的策略和方法不当;学习的坚持性比较弱……

高品质的学习称之为"自主学习",即"自我导向、自我激励、自我监控"的学习。一个人重要的是要有学习的意识和主动性,美国著名作家弗格森曾经说过:"每个人都守着一扇只能从内开启的改变之门,不论动之以情或是晓之以理,我们都不能替别人打开这扇门。"俗话也说:"我们可以把马牵到河边,却不能按下头让它喝水。"如果不能从内心深处激发学习的主动性,再高明的方法,也只能枉费心机。

学习的内容和资源也很重要。说个不太贴切的比喻:人的头脑就像用来煲汤的容器,可它里面只有具备了足够多、足够好的食材,才能煲出滋味醇厚、营养丰富的靓汤来。否则,一锅清水和废材,无论你煮多久,熬多久,煲多久,除了让水中的硝酸盐含量越来越高、水越来越少,不会有其他的结果。学习很重要,选择到有价值的知识学习也很重要。当然,何谓"有价值",这问题很复杂,涉及世界观,人生观,价值观,知识论等许多的问题。

"如切如磋,如琢如磨"出自诗经《诗经·卫风·淇奥》,讲的是君子品德的修炼过程。后来人们把它衍化为"切磋""琢磨"两个词语,它们很好地标示了学习的两个基本策略:切磋,即同道间的相互观摩,质难问疑,相互砥砺。琢磨,即玩味、推敲、咀嚼、反思、审视、检讨……对于概念和原理的掌握其实是一个很复杂的过程,很难一蹴而就。还用上面的比喻,这个过程就像煲汤:初步学习一个理论就如把食材弄齐了,加入

水，在火上用猛火煮了一阵。如果没有更长时间的文火慢慢熬、慢慢炖，那汤不过是清汤寡水，淡而无味。要煲出滋味醇厚营养丰富的靓汤，一定需要有慢慢浸润的功夫，也就是切磋琢磨的过程。

一个人是学识宏富还是头脑虚空，和"天赋、努力与方法"这三者有关。天赋是遗传的产物，是上天投色子的结果。努力与方法却取决于每个人的意志和选择：是否愿意为学习付出努力？是否找到了有效的学习方法？这些将影响着我们的学识和发展程度。

深度阅读改变命运

阅读是最重要的学习方式,是我们获得思想资源最为重要的途径,也是我们眷注内心的最重要的方式。著名作家林清玄对于"窗子"和"镜子"有过精彩的比喻:"一个人面对外面的世界时,需要的是窗子;一个人面对自我时,需要的是镜子。通过窗子才能看见世界的明亮,使用镜子才能看见自己的污点。其实,窗子或镜子并不重要,重要的是你的心,你的心广大,书房就大了,你的心明亮,世界就明亮了。"高品位的书对于我们既是"窗子"又是"镜子"。明代于谦说"书卷多情似故人,晨昏忧乐每相亲。眼前直下三千字,胸中全无一点尘。"丰富的阅读会让人建立起广阔、深邃、纯净的精神世界。

当然,书有优劣,只有好书才具有促进成长的功能,也才是文明进步的阶梯与足迹。好书不在厚,也不再深,更不在玄,而在透——即在富于独特洞见、理智的穿透力、理论的彻底性,只有这些才真正具有启发性。透明而芳香的书,读着读着,内心就温润了起来,心情也就豁朗起来。所谓"精妙处,忍不住击节叫好;伤感处,止不住泪眼婆娑;激荡处,耐不住拍案而起;谐趣处,憋不住哑然失笑"。所以,读什么非常重要。那些能够唤起我们反复阅读和写作冲动的经典无疑是很好的阅读选择,卡尔维

诺说过:"一部经典作品是一本每次重读都好像初读那样带来发现的书。"

除了经典,每个人最好是读自己读得懂又有收获的书。读文学、读历史、读哲学、读科普、读人物传记、也要读社科理论、特别是要读研究方法、思想方法的书。现在,有些人把《易经》《黄帝内经》捧得很高,吹得很神,很有些"皇帝的新装"的味道。《易经》这类东西是我们早期先民对世界的认识成果,作为炎黄子孙对于文化发展脉络的承续,了解很有必要,但如果有人非要说它如何有博大精深的智慧,就恐怕是另有心机了。这些书除非研究者,其他人不读也罢。就像有许多肥沃的土地供你耕种作物,为什么你非得要在一块贫瘠的土地上去劳作呢?人生有限,尽可能读一些价值比较大、精神养料比较多的书吧。

至于怎么读书,这个问题许多人都谈过。我们特别强调精读,精读比泛读更重要,有些书随便翻翻,泛泛浏览就可以了,卓越的书最好读得如同己出,烂熟于胸。如何精读?有四个层次。最低的层次是仔细揣摩、划记、标识;其次,摘抄;再次,背诵;这是积累思想资源的重要方法,没有背诵就会头脑空空。最高的层次是评论。要对作者的观点、论据以及论证或表达方式作出自己的回应与评论,这过程中就有知识的吸收与建构。明末清初的诗人冯班的读书心得"读书勿求多,岁月既积,卷帙自富",这是很有道理的。人的一生说短也短,说长也长,从10岁开始自觉读书,平均每天花两小时读5000字,读到70岁,可以读完109,500,000字。两小时读5000字,差不多可算精读了。这么大量的精读,学识积累自是非常可观。

精读的效果怎么样,有一个很简单的检测方法,那就是你能背诵多少东西。如梁启超这样的学问大家，都能背诵大量的东西。大家知道，如果你头脑中不储存大量的词汇，那么你深刻的思想、细腻的情感就无法表达，如果你的思想资源仅仅只是来自当前刺激物这样一些东西，那你的思想资源是很有限的。只有当你读的很多书都能储存在你头脑里面，才能真正做到思接千载、视通万里，你也才能有"登山则情满于山、观海则意溢于海"的那种对于生活、对于世界的感悟与发现。我们很多人也在经常地阅读，但是长进不大，原因在哪里？原因就是没有打好基础。如果没有建立一个可以攻守自如的思想平台，如果没有编织好一个很好的认知框架，任何学习的东西，进去了，最后都石沉大海。我们要建立起一个很好的思想平台，一个很好的认知框架，什么东西来了，都有捕捉的能力，都有解读消化的能力，这就有赖于深度阅读，要研究性地读，要将同一思想主题的书对比着读。许多人没有这样下过功夫，要想变得睿智和深刻就不太可能。成功的读书人，书读得通透，真正能抓住那些好书中的精要，一些深刻且精当的表述能做到如同己出，烂熟于心。

人生才是最重要的作品

思考决定见识的高下

一个人有没有经常用心琢磨、咀嚼、玩味、体察、推敲、斟酌、辨析、考证词语、语汇的习惯，会在很大程度上影响着他思维的细腻与缜密程度。因为这些都属于内部思维或内部语言过程。人的内在思维过程愈细密，生产出的思想就会愈精致、愈精准，甚至愈精深。瑞士、奥地利之所以是高度发达的国家，与它们可以制作与生产精细、精密仪器与机械有关。人的发展程度不高的一个表现就是粗糙：思维粗糙，感觉粗糙，语言粗糙，动作粗糙……乃至整个生活都粗糙。在是非颠倒的时代，有人以自己是大老粗而洋洋得意，这是实足的野蛮与愚昧。

想和思考是两个不同概念。"想"是我们正常人的头脑的本能，我们提出很多的问题，大家都可以想一想，并且发表自己的意见。思考当然也是想，但思考是有思考框架和思考策略的、系统的、有依据的、批判性的、反思性的和彻底的"想"。思考要具备这样几个特征，首先是有思考框架、思考策略，它是比较系统的不是零星的，是有依据的而不是想当然的，是批判性的（就是对别人的那种结论不是轻信的、盲从的），反思性的（对自己的思维过程是有深刻反省的），彻底的（就是不是浅尝辄止的，而是不断追问的），这样的"想"才是思考。

一个人的学习与成长的过程可以理解为不断编织一个捕捉并解读信息之网的过程，而这个编织的过程就是建构知识的过程，即事物之间，包括概念之间建立意义联结的过程，这也是细腻思考的过程。我们思考编织的这张网愈巨大，愈缜密，它捕捉与解读新信息的能力就愈强，也就愈能建构出新的个体知识。

有一词语叫"见多识广"，对一件事情有自己的看法（想法、观点）并不难，难的是有一定的见识，只有思考得彻底、澄明，观点才会变成经得起推敲的见识。这首先需要建立起自己观察世界的视点，那就是自觉意识到自己的价值观和立场：你倡导什么，推崇什么，鄙薄什么，拒斥什么。其次，建构起自己分析解读世界的认知框架。要有一个清晰而合理的分析事物的理路，即思想进路（理路）。再次，需要获得尽可能充分和可靠的信息。这取决获取信息的能力和对信息作出筛选、甄别的能力，而这背后也反映出一个人见识的高下。

泛泛浏览的阅读，走马观花的游览，甚至道听途说，也可以增进人的见识。但唯有通过思考获得的见识，才会有比较高的含金量，才能赢得人心，为人所认同和自觉实践。一些人发表观点时云山雾罩，隔靴搔痒，很少能给人那种直抵内心、一语中的的酣畅淋漓之感，这样的表达和表达者很难给人留下深刻印象，更谈不上能够激励人和鼓舞人。要有准确到位、深刻独到的表达关键是思维品质的提高，而远不仅仅是表达技巧的提高。

人生才是最重要的作品

思想家是搭积木的玩家

如果要给思想家下个定义，可以说：思想家是闲坐湖边，不时往湖中投石子的人。这意味着他是一个闲人，一个不需要为生计而奔忙的人；他也无需为自己的处境牢骚满腹、鸣冤叫屈。他往湖中投石子，是为它所荡漾起的涟漪可以起到激浊扬清的作用，防止湖水成为一潭死水，并使"石子"能垫高湖水的水位。

也可以说，思想家是运用"概念"搭积木的玩家。玩家，有凸显理论的游戏的一面，却也有消解思想家自觉的历史使命感的一面。这对一些思想家是不太公正的。还可以说，思想家是运用概念和命题来织一张"描述、解释、预言"之网的人。有的思想家，如洛克、伏尔泰、康德、孟德斯鸠、哈耶克等，他们是引领人类走向光明与正道的人。也有的思想家把人类引入歧途。这或许并非他们的本意。人性的复杂与世界的复杂，人类进步之路的探索，难免南辕北辙、事与愿违。重要的是，要以虔敬之心对待天下苍生。在某些历史时期，思想家与革命家会合而为一。但在和平时期，思想家更多的只是怀疑。

经常见到有人在聚会的餐桌上侃侃而谈、谈笑风生。这样的人，可以成为不错的官员、成功的企业家、优秀的营销人员、名嘴主持人、律师或教师，但他成为思想家的可能性不大。思想家是可以在热闹中选择品味孤独的人，在喧嚣里选择退避到自己内心的角落对世界洞若观火的人，他们才是这个世界上真正富有与可以笑傲江湖的人。

一个人要成为某一领域的专家、学者，其实并不是很难：具备中等以上的智商，掌握研究方法，系统的阅读、梳理、积累，坚持不懈、持之以恒，有个十年八载就差不多了。而要成为思想家却十分的不容易：他要在专家的基础上，学贯天人。更重要的是，他需要有一种生命的优越状态，对人性的阴暗面有悲悯的情怀。没有思想家的时代是昏暗的，没有思想家的国度是贫瘠的。

人生才是最重要的作品

通过研究走向卓越

　　一个人有机会从事研究工作是极其幸运的一件事。何以这么说呢？人生无非是一段旅程，从事研究就意味着你在这个旅程中一直在发现。有发现就会有惊喜，有惊喜就会有快乐的情感体验，有快乐就会有"乐以忘忧，不知老之将至"。我们主张更多的人要尝试去做研究，因为这与追求真理，追求澄澈、丰富、具有高度与深度的人生是密切相关的。

　　作为研究者，应该具备四种意识，即问题意识、文献意识、对话意识和反思意识。提出问题是一切研究的出发点，也只有能智慧地发现高质量的问题，我们才可能创造性地进行高水平的研究，提出一个高质量的问题比解决十个问题更有价值。文献意识，是指我们在做研究之前必须查阅相关文献，弄清楚前辈和同时代的人对于相同的命题都做过哪些研究，他们研究出了哪些已经得到共识的结论。再来看对话意识，一个问题的研究，只用引证是不能解决问题的，引证不能代替论证，论证是一个严密的逻辑推理过程，是一个创新的过程，新问题的解决必须有这样一个过程。反思意识，这是促进我们成长最强劲的支撑动力。

　　研究的核心是思考，但研究远远不仅仅是思考，是更复杂的一项活动。除了核心的思考，还需要根据问题以及对问题的假设，设计一个研究的过程，这个过程可能包括大量实证的研究，数据统计、分析，文献整理等等。从事研究的人要过思考的关，如果思考都没有过关，那研究一定是很粗糙的，"纸上得来终觉浅，绝知此事要躬行"，对于我们来说，这个躬行，有时候就是要亲自去做研究。对一个问题穷根究底，对其相关文献了如指掌，这是功夫。最终结果便是功夫不负有心人，我们通过研究而走向卓越。

　　阅读、听课、历事、交往、旅行、讲学、观影、赏戏、研究、创作……整体上讲，都有益于成长，但任何一个单独的活动都难以使人变得杰出。换言之，使一个人变得杰出的一定是多种多样的活动累积和叠加的结果。当然，在上述这些活动中，其复杂、繁难以及高级程度，也是有差异的。一般来说，阅读、交往、旅行是更为基本的，而研究、创作，相对而言，更复杂也更高级。人海茫茫，其实就两类人：一类是有研究意识与研究能力的人，一类就是没有研究意识与研究能力的人。努力扩大第一类人在总人口中的比例，是一个国家走向文明、富强的必由之路。

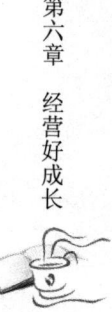

人生才是最重要的作品

写作是自己的好

所谓写作，就是运用语言文字创制文章的一种复杂的脑力劳动和精神生活过程，它是社会成员之间表情达意、宣明事理的一项社会实践活动。写作过程往往是由物（现象、事情）到感（感触、感悟、感怀），由感到意（思想、主张），由意到文（文章、作品）。美国学者查尔斯·布考斯基对写作有精彩的论述："通常它是唯一的东西，在你和不可能性之间。没有酒，没有女人的爱，没有财富能够与它相比。什么也不能拯救你，除了写作。它撑着每堵墙不使它们倒下。阻止一大帮人马冲进来。它炸开黑暗。写作是最终的精神病医生，是所有上帝中最慈善的上帝。写作潜步跟踪死亡，紧追不舍。而且写作嘲笑它自己，嘲笑痛苦。它是最后的期望，最后的解释。这就是写作。"的确，只有在写作过程中，外在与内在、经验与幻景、感性与理性才能在一个时空中得到完满的呈现。

写作具有多方面的价值。

第一，写作有助于我们提升阅读品质。如果一个人有写作的习惯，他的阅读品质就会更高，他会养成精读的习惯，而不是泛泛浏览。

第二，写作能够丰厚我们的文化底蕴，帮助我们积累学养。在写作中引用过的资料，我们会理解和记忆得更加深刻。

第三，写作可以帮助我们梳理头脑，使之变得井井有条，从而更具有捕捉解读信息的能力。

第四，写作能提升我们口头语言表达质量。书面语言的特点是相对完整、规范、精当和舒展，如果我们的口头语言表达具备书面语言的这些特点，那就特别有品质。

第五，写作能够提升我们对作品的鉴赏力。手工制品，如果我们会做的话，我们对它鉴赏能力也很高。文章也是这样，如果会写的话，我们对文章的鉴赏力，好的作品的鉴赏力也会更加高。

第六，写作可以帮助我们形成积极、开放、敏感、阳光，积极进取的人生态度，写作是由事到感、由感到意、由意到文的脑力劳动和精神过程，一个乐于写作的人，能够更敏感的去面对世界。

第七，写作能带给我们成就感，不要说出了一本著作，甚至不用说发表了一篇文章，哪怕只是自己精心打磨过的一段文字，我们都会有成就感。

著书立说差不多是所有读书人的梦想，可著书立说并不容易：它需要术业专攻与长期的学识积累，有系统扎实的潜心研究，而这是很多人由于主观或客观的原因难以做到的。但微写作中等文化水平以上的人都可以做到。用创作的态度对待微写作，集腋成裘，日积月累，它也可以"以小成而成大成"，顾亭林先生的《日知录》成为不朽名作就是显例。我们不妨算一笔账：一个人从25岁至65岁，40年，每年有300天在写作，每天写300字，总共可写360万字，可以出一套很像样的10卷本的文集，这是多么大的人生成就。重要的不是这360万字的作品，而是在写作过程中对世

界的热切关注，是那种拥抱世界的生命姿态。

"文章是自己的好"，这其中或许有些自恋的因素，也自有某种道理。自己的文字是从自己的心中流淌出来的，带着自己生命的温度、生命的履痕，自然会有一种亲切，正如看到自己的孩子长得像自己的地方，即使算不上优点，也会觉得有几分得意。正是那些醇厚、浓香、温润、宏阔、美好的文字，构筑起人类走向更和谐、纯净、温暖的境界的林荫小道，它让人们在享受自然界赐予的阳光雨露的同时，享受作为人类一员的美好。

坚持积累学识

"积小成以成大成"是一种追求成功的策略，也是一种良好的习惯。许多人都有存钱的习惯。这相对于"今朝有酒今朝醉"的及时行乐而言是一个好习惯。但很少有人有"积累学识，储蓄健康，累积善行"的意识与习惯。没有一个人是一夜之间变得优秀或者卓越的，优秀都一定是一个日积月累的过程，"积沙成塔，积腋成裘"的道理不难懂，但在这点上做到知行合一就不易。注重在学识智慧、身体健康、德行品格上的点滴积累的意识与习惯，所有的人都有努力的空间。而这一努力的成果最终受益的首先是自己，其次它也会惠及他人与社会。

坚持积累学识是要不断丰富自己文化底蕴的过程，这个过程会使内心变得丰富和深刻。那学识积累包括什么呢？

第一，重要概念。如帕累托效用，基尼系数，路径依赖等。概念是思维成果的凝结，也是理论之网上的纽结。

第二，重要数据。比如世界重要国家的面积、人口、人均GDP，人类发展指数等。

第三，好的表达，包括民谚、格言、名人名言，如"甘蔗没有两头甜"，"大模大样，小家气象"。

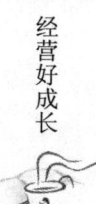

第四,重要的科学实验和社会调查。如美国兰德公司的一些调查、盖洛普的一些民意测验。

第五,人类文明进步中一些重要人物的思想、主张与贡献。如"人是目的"的思想主张,"绝对权力导致绝对腐败"的洞见。

第六,重要事件。如诺曼底登陆,广岛、长崎遭受原子弹打击,萨达姆的政权被摧毁。

积累和掌握许许多多的概念对于写作特别重要。写文章,无论是小品文,还是学术论文,其实都像建房子。首先,你要它干什么:是作为博物馆还是影剧院……一定的功能要求一定的结构。此为文章的立意。立意有了,结构也设计好了,接下来就是用什么样的建筑材料来建造了,建筑材料会在很大程度上影响着建筑物的品质。写作者对概念掌握的程度决定着"建筑材料"的品质,用密度很大的大理石砌的房子就会结实、厚重,乃至显得富丽堂皇、美轮美奂。相反,劣质的、密度很小的建筑材料建出来的房子就显得单薄,并容易失火或坍塌。

词汇的积累也很重要。一个人掌握的语言词汇愈丰富,他的表达就会愈精当,他的内心也就愈充实。词汇就像一个一个的将士,你统领的将士愈多,你作为统帅就愈有力量,就愈伟大。语言服务于我们的交流与表达,也服务于我们认知领域的拓展。我们无法说出我们不知晓的事物,凡被我们命名或指称的事物,表明我们对它有一定程度的了解。现在上网搜索,比查字典便捷了许多,这其实非常有利于我们积累词汇。

背诵对于积累语言、丰富思想、发展记忆力,以及养成良好的学习习惯和提高阅读质量都有重要意义。背诵的对象可以是精彩的表达段落。学有所成的人，一定是在背诵上下过"笨"功夫的人。没有大量的通过背诵所获得的积累，就必定头脑空空，也不太可能形成"反复推敲、仔细琢磨"的好习惯。背诵，并不等于死记硬背。它在很大程度上都可以在充分理解的基础上进行。老师，作为示范者，要在背诵上为学生作出良好的示范：我是如何理解与记住这一段表达的，容易在什么地方出差错，原因何在？在背诵的基础上仿写，对语言表达能力的提升很有帮助。

积累广博的学识，对于我们的幸福生活有着极其重要的意义。因为我们对世界愈熟悉，愈了解，就愈有安全感，也会愈有亲切感，我们会更加热爱生活，热爱这个世界。我们知道得越多，我们的精神世界就愈广阔，我们的精神驰骋就愈风生水起、光耀万丈。

人生才是最重要的作品

付出不亚于任何人的努力

俗话说："男人怕懒，女人怕贪"，其实，不论男人还是女人，都不应该懒和贪。是人就应该勤奋、努力、拼搏、进取，在广阔的人生舞台上展示力量与智慧之美。

每一个人的处境不一样，"努力"的着力点就不尽相同，但为了更好地成长，以下几点是几乎所有人都可以尝试的：

一、每日精进。在这个世界上，有人是幸运儿，有人却是倒霉蛋。这背后的原因，经常既说不清也道不明。人，唯一可以做到的，就是天天修练，日日精进。"日行一善，日诵一诗，日识一人，日理一事，日拱一卒，日作一文"，这"六个一"，许多人努力一下大体上是可以做到的。1925年梁启超先生为北京师范大学毕业同学录上题词："无负今日"。这一劝勉当永不过时，值得一代又一代学子谨记。一分耕耘，一分收获。梁先生一生著述2400多万字，仅就其数量之多，少有人能望其项背，这就是他每日精进的成就。

二、避免学习的浪费。读一本书，看一篇文章，欣赏一部电影，甚至是听一首好听的歌曲，都需要及时温习，努力从它们之中咂摸出一点滋味来。这就正如光吃进去食物是不够的，还必须要有很好的消化、吸收。生理上对食物的消化吸收是一个生化过程,这个过程主观努力空间不大,但我们对于学习内容的消化吸收的主观努力的空间却很大。许多的人发展程度不高,其中有个原因就是造成了太多、太大的学习浪费,没有很好地把学习内容转化为精神财富。

三、尽量去支持别人。佛家说:"广结善缘,广种福田。"虽然并非所有的善行,马上就会获得回报,但可以"积善成德"。而"德者,得也",这本身就是一种得到。尤其是在不需要作出自我牺牲前提下的举手之劳却可以成人之美的事情,那又何乐不为呢?因此,是否随时都乐意去支持别人,是一个人生命姿态的一部分。在所有人与人的关系中,唯有彼此成全的关系是可以长长久久的;倘若一方更多的是索取,另一方更多的是付出,这种关系既不健康,也难以持久。"支持别人"首先是一种意向性的,这意味着"关注着并积极地回应着"。因此,"礼尚往来"并非等价的物质交换,而在于你对对方的积极回应。

任何人的成长都需要努力,尤其需要"咬定青山不放松"的毅力。我们可以把"成功"定义为"成长的质变","成功"有大小,但几乎没有不需要付出努力的成功。"优秀的人不可怕,可怕的是优秀的人比你更努力",只有付出不亚于任何人的努力,我们才会走近优秀和卓越。

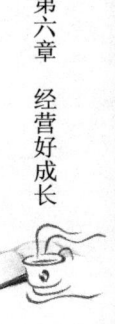

人生才是最重要的作品

做时间的朋友

《百喻经》里有这样一个故事：有个国王生了一个女儿后，命令医师给一种药，能使女儿吃了立即长大。医师很聪明，对国王说："这种药眼下没有，必须去寻找。在我找药期间，您不能见公主，等公主服药后，才能见"。十二年后，他采药回来。把药给公主吃了后，带她去见国王。国王见了很高兴地说："真是神医，我女儿吃了药立即长大了。"

我们可能都会嘲笑国王的无知，不懂得是时间让女儿长大了，反认为是药物的作用。可是，在现实中，很多人其实也像这个国王，他们也期待有某种特效药能让自己或者孩子立即发生改变，须不知，世上没有药物能让人的身体立即长大，也没有药物能让人的精神气质和人格特征立即改变。一个人的认知结构、思维策略、情感态度、行为习惯和个性特质都需要长时间的培育。

"台上一分钟，台下十年功。"这句话，我们耳熟能详。它是指像舞蹈、唱歌、绘画、书法等技能和表演艺术不是一两日能形成的，需要靠经年累月的练习和积累，其实，人的成长不论是哪个方面，不论是动作技能还是学识积累，不论是身体发育还是情感态度价值观的形成，都是需要时间的，只是我们往往容易忘记时间的魔力。

人的发展的四个关键因素是遗传、环境、教育和时间。"一两的遗传胜过一吨的教育""给我一打健全的儿童，一个由我支配的环境，我可以保证，无论这些儿童的祖先如何，我都可以把他们培养成为任何一种人，或者是政治家、军人、律师，抑或是乞丐、盗贼。"许多人对遗传、环境和教育的作用有过充足的重视，但是时间对人的作用，我们却总是容易忽略，总是"木已成舟，生米已成熟饭"才追悔莫及。

很多人都有过特别希望自己身边的某个人变好却总是事与愿违的体会，很多人都有过想帮助某个人改变却总是心有余而力不足的无奈。课程专家泰勒曾说过："在幼儿园和小学期间，通过教育经验能够使儿童的人格结构发生大量的改变，16岁时，人格已经有了很大的发展，因此，对基本人格结构进行再教育就变成非常困难的任务，而且通过正规的学校计划已不可能完成。"这也是我们通常所说的"江山易改本性难移"，本性是什么，是时间铸成的铜墙铁壁。

每个人都是时间的产物。时间是这世上最神奇的教育家，一个人是卓越还是平庸，是栋梁还是流氓，是遗臭万年还是百世流芳，都在于时间。一个病重的躯体，需要时间来恢复；一颗受伤的心灵，需要时间来疗理。古训曰："一寸光阴一寸金，寸金难买寸光阴。"我们需要珍惜时间，做时间的朋友。

第六章 经营好成长

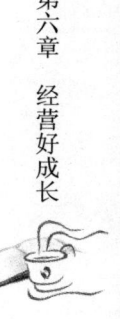

》》》第七章
享受好生活

　　有人的生活富足,却不够体面,因为他们的富足缺乏正当性,带有为富不仁的成分;有人的生活富足且体面,却缺少闲适,主要是因为贪心不足,舍不得放弃;有人的生活富足、体面、闲适都有,但感到乏味,那是因为内心没有信仰,对生活缺乏热情,从而缺乏探索、发现以及创造的需要。一个人要过好的生活,即富足、体面、悠闲、有趣味的生活,除了先天的天赋、后天的努力,练就出的智慧与良好品格,也还需要一点运气。不论怎样的生活,都是你自己的,所以,好好地享受生活吧。

蒙古族

生活的信念和主张

在这个世界上,有些人有明确的生活信念和主张,而有些人只是浑浑噩噩地生活着。一个人生活的信念和主张会极大地影响着他生活的内容和品质。

秉持着"只要活着,就应该活得更好"去生活,而不是得过且过,更不是自怨自艾,这应该成为我们生活的信念。经营好自己的生活,微笑地面对生活,生活得美好幸福,也是一种道德责任。谋生与乐生的区别在于:乐生是能够享受几乎所有的过程,不论是学习、工作,还是生活,尽管也会有困扰与沮丧,但整体的生命状态是兴高采烈,意气风发的。而谋生则是为了生存,即为了养家糊口不得不忍受自己并不喜欢的工作,生命时常处于乏味与煎熬的状态。一些人并没有衣食之忧,没有生存压力,甚至可以说家境殷实,但仍闷闷不乐,甚至感觉活着没有意思,很大的一个原因是没有乐活的信念。

生活的信念还可以包括:

1. 天道酬善,天道酬勤。一分耕耘,一分收获,没有人可以随随便便成功;

2. 是金子就一定会闪光。不要抱怨生不逢时,也不要慨叹怀才不遇,

重要的是自强不息；

3. 车到山前必有路。人生没有过不去的坎，上帝为你关上了一扇门，就会为你打开一扇窗；

4. 简单就是享受。世界其实就是我们自己，你简单了，世界就简单了；

5. 清白是温柔的枕头。身正不怕月影斜，正直、光明、磊落地为人处世；

6. 不欲其所无，而穷尽其所有。不贪图本不属于你的一切，充分发挥个人潜力，做最好的自己。如果一个人秉持这些信念，并做到知行合一，他生活的品质一定不错。

一个人的生活，从低到高，可以分为六个层级：

1. 安全地生活。可以远离意外伤害与危险，没有太多后顾之忧；

2. 健康地生活。身心康泰，生活方式健康文明；

3. 理智地生活。有目标，有计划，有策略，有行动。

4. 有爱心地生活。能够关爱他人，关爱地球和其他物种；

5. 有创意地生活。乐于探索，尝试改变，心头总有一股智慧的清泉在汩汩地流淌。

6. 幸福地生活。富有、惬意、闲适、悠然自得，随心所欲而不逾矩。万丈高楼平地起，美好的生活要从小事做起，我们主张带着感恩的心，真诚而勇敢地生活。

什么是好的生活

什么是好的生活？可以有千万个标准。

有人说"白天有说有笑，晚上还能睡个好觉"就是好的生活。有说有笑，代表着开朗与开心，意味着人格、心理的健康，既没有过强的外在压力，又没有过强的内在紧张，内心喜乐、平和、怡然自得。尤其是对已婚人士来说，和配偶"有说有笑"更意味着感情的亲密与融洽，也就意味着婚姻质量还不错。"晚上还能睡个好觉"则不仅意味着健康状况不错，更代表着内心没有忧愁与恐惧，工作、生存和人际关系等方面都没有过大的压力。好的生活是既充实又闲适的生活，也是随心所欲任其自然的生活。一个人能够生活得随心所欲，说明他摆脱了名缰利索，没有奢望，没有妄想。一个有着不当欲求的人，要么违背公序良俗乃至法律，要么力不从心而遭受挫败感的折磨。能够随心所欲，说明有较高的人生境界：他的追求都是正当光明的。能够任其自然，则意味着有向往、有追求却不执迷、不强求，宽容别人也宽容自己，秉持"谋事在人，成事在天""得之我幸，失之我命"的生活态度，步履从容地行走在山水之间。

有一种生活哲学强调"重要的不是生活得最好，而是生活得最多"，

人生才是最重要的作品

好的生活是丰富的生活。人生中有无尽的美好，每个人都应该尽可能多地去用心领略。"读不曾读过的书，识不曾识过的人，去不曾去过的地方，说不曾说过的话"。那些能够带给我们视界融合的书就是值得读的书，那些有着独特而风雅灵魂的人最值得去亲近，那些摇曳着靓丽风情的地方最值得去游览，那些令人回味、发人深省的话最值得说。所有人的一生无非都是其全部经历与体验的总和，"经历"一定是指"亲身经历"。人与人之间经历的丰富程度会有很大的差别。有的人生活了一年，重复过了很多年；有的人一生起伏跌宕、备尝酸甜苦辣，而人生最为宝贵的财富就包括体会到生命的千般情愫、万种滋味。人生的乐趣在于不断地开拓生活与自由。

好的生活也是享乐的生活。感官享受是最普遍也最易获得的。美食、美景、美乐、美色，都能带给人愉悦和享受。更高级一点的享受是由爱情、亲情、友情带来的，无论是甜蜜的爱情，还是其乐融融的天伦之乐，抑或是情投意合的友谊，都能带给人美好的感怀。但是，人生最高级的享受还是由创造带来的。不论是科学或艺术的创造，或者理论或工艺（如建筑）的创造，最是能带给人醇厚绵长的回味。

"爱、发现、创造"，这三者是让生活芳香四溢、活色生香、光焰万丈的主要元素。爱，意味着"情有独钟"，意味着"亲密关系"，也意味着"兴味盎然"。"爱"的反面包括"恨"，包括"厌恶"，更包括"冷漠"与"无所用心"。而这些，都会使生活暗淡，日子阴郁。"发现"，在生活中随时都可以有：发现可口的食物，发现秀色可餐的美人，发现过目难忘的表达，发现令人沉醉的风景……"创造"，也并非高不可攀，重要的是你不要画地为牢、自我设限。

人生的每一天都很宝贵,"善待自己"最重要的一个方面就是享受好的生活。

人生才是最重要的作品

亮闪闪的日子

人们度过的多数日子，很难在记忆中留下印象，可以称为庸常的日子。也会有一些时光，它们鲜活靓丽，常忆常新，每每想起就会心花怒放，不妨将其命名为"亮闪闪的日子"。这样的日子，在一定程度上也是可以去创造的，比如许多的人生第一次。

每一个人的一生中都有许多的"第一次"：第一次出远门，第一次和心仪的人约会，第一次获奖，第一次挣到钱，第一次买新房……有许多的可以公开言说与私密的第一次。而正是这各种各样的第一次构成了人们生命的履痕。如果我们能够"看重"第一次接触到的一个全新的概念、第一次在自己的表达中使用到的某一个词，第一次打磨出的一个隽永、深刻的命题……我们生命中亮闪闪的日子会更多。

人的一生最好有一段时光，少则几年，多则十几年，能够与诗意、音乐、爱情、风花雪月、自由探索等美好的事情为伴。这属于我们人生中可以时时回眸、灿烂辉煌的日子。如果这样的时光能够持续几十年甚至持续终身，那就太幸运了。

有人说，人生无非两件事："谋生"与"谋爱"。谋生，涉及衣食住行，即获取生存资源。大体上可以说，一个人在谋生上用的时间与精力愈少，他的发展空间就愈大。如果说"谋生"主要属于人的生理需要,"谋爱"则主要属于心理需要以及心理需要中比较高级的精神需要。它意味着人对于被接纳、被欣赏、被赞美从而获得存在感、价值感的精神层面的需要。与"谋生"相对的是"乐生"。一个人要"乐生",就一定得"谋爱"。因为人是社会性动物,人只有在社会中,在人际互动中,才能更好地享受生活,一个人爱的情感愈丰富、愈强烈,人生中"亮闪闪的日子"就愈多。

　　人的一生就是无数庸常的日子连结着许多亮闪闪的日子,在憧憬中想象,在经历中感受,在回忆中品味。

人生才是最重要的作品

金钱在生活中的角色

金钱在人们的生活中扮演着非常重要的角色。在一个制度健全的社会，能不能挣到钱，主要取决于一个人的头脑，但怎么去花钱，却可以反映一个人的心灵。如果金钱不能带给你快乐，那一定是你没有正确地去花钱。有句话说得好："钱财不但可以改变人的个性，还可以让人露出本性。"为金钱而劳作的人生是没有品位与格调的，当金钱成为你追求真理、服务社会的副产品时，你不仅一定会变得富有，而且人生也会有境界。

网上有个帖子，无非是逗人一乐：老师提问："有钱，任性。"的下联是什么？小明回复："没钱，认命……"有钱，的确可以提高人应对挑战与困难的能力，拥有更多的选择，因而拥有更多的意志自由，当你富有到不怕失业，有足够的能力为自己的特立独行埋单时，你就可以在不违法违纪的前提下率性而为。没钱，能认命的至少生性善良，怕就怕没钱捣乱的人：我过得不好，谁也别想好过。这种人是社会的破坏者。无产者很容易成为流氓，就因为他一无所有也就无所顾忌，没有底线。没钱认命当然不是最好的生命姿态，比较好的应该是积极进取、自强不息而又安平乐道。平是平淡、平凡，而不是安于贫穷。

"有钱,乡下是净土;没钱,乡下净是土。"这句话也说明了金钱的作用。有钱,不受生计困扰,更多地能够以审美的眼光看待周遭的一切;而没有钱,容易心态不佳,而且克服困难的办法也更有限,所以看到的"净是土"。这就是所谓的"境由心生"。

在谈论金钱与快乐的关系时,有这样貌似高深的说法:金钱能买来床,却买不来睡眠;金钱能买来食物,却买不来食欲;金钱能买来房屋,却买不来家……类似的说法不一而足,表面看深刻,实际上似是而非。睡眠是健康人的本能,根本不需要去买,就算不少人受着失眠的困扰,那对这些人来说,有钱也比没钱好,他可以去花钱治疗。金钱是买不来食欲,可买对的食物可以激发食欲。金钱能否带给人快乐,取决于人们是否能正确地花钱。如果你认为金钱无法买到快乐,那是因为你没有正确地花钱。没有金钱,许多人生美好的体验我们就难以获得,比如环球旅行。

在人与人之间,钱是重要的,也是敏感的。没有人不在乎钱,差别只在于它在价值排序中处于何种位置:是高于亲情、爱情、友情,还是排在亲情、爱情、友情之后?只有一个发展程度比较高的人,才可以无怨无悔地将亲情、爱情、友情等置于金钱之上。否则,拥有再多的钱,也做不到这点。有人愿意不求回报地给你钱,不论你缺不缺钱,也不论多少,那是一份很浓厚的恩情。

金钱是卑贱之物,当你将它作为追求目标时,它要么高高在上,一副拒人于千里之外的傲慢之态;它要么对你不屑一顾,当你一不留神时,它一溜烟跑得无影无踪。当你将伟大事业、真爱与个人爱好作为努力目标

第七章 享受好生活

人生才是最重要的作品

时，金钱就像小偷一样一路尾随着你，只要你稍微一拎，它就会轻而易举地成为你的囊中之物。当一个人把占有金钱作为工作目标时，他是不会有品位的，当然也不会有人格魅力，更要不得的是追求来路不当的金钱，这会导致人道德堕落，内心充满恐惧，也根本无法真正享受金钱带来的快乐。

安平乐道

有一个成语叫"安贫乐道",出自《后汉书·韦彪传》:"安贫乐道,恬于进趣,三辅诸儒莫不慕仰之。"意思是指:虽然处境贫困,但仍乐于坚守自己的人生理想、信念和准则。"安贫乐道",暗含着人类的生活存在着物质生活和精神生活两个相互关联的层面。其实,人类自从她出现的那天起,就面临着这样一个困局:外在条件完善总是赶不上内心欲望增长。这一方面成为人类文明进步的动力,另一方面,它也成为人类不满以至痛苦的根源。

为了解决这对矛盾,我们的祖先想了种种的方法,但无非是这样两个进路:一为发展生产力,生产出更多的满足人们需要的产品和手段;一为劝诫、引导人们节制内心的欲望,以至清心寡欲,从而去过一种内心的生活。"劝人安贫乐道是古今治国平天下的大经络,开过的方子也很多,但都没有十全大补的功效。"(鲁迅《花边文学·安贫乐道法》)鲁迅先生说得固然不错,但像"一箪食,一瓢饮,在陋巷,人不堪其忧,回也不改其乐"的颜回这样"安于贫而乐于道"的人自古及今还是大有人在的,尽管从统计学上它不占有统计优势。不可否认,安贫乐道作为一种生活情趣和高洁傲岸的道德情操还是令人感佩和景仰的。

但对于任何人来说，贫困毕竟不是一种值得肯定、更不值得夸耀的生存境况。一个社会存在"绝对贫困"的人群只能说明这个社会的发展程度不高，如果这个"绝对贫困"的人群还包括这个社会中的一些知识精英和道德精英的话，更说明这个社会是一个非常糟糕的社会。安贫乐道尽管可能是某些个人无怨无悔的选择，一种自觉坚守的生活态度，但是，提倡"安平乐道"可能更好。安平，即安于平淡，安于平凡，拥有一颗平常心；"乐道"，即乐于过内心的生活，崇尚精神的价值，坚守自己的理想、信仰和立身行事的准则。

践履安平乐道的生活准则，首先要学会安静地生活。学会安静地生活，这对爱热闹的国人尤其显得必要。"热闹"在汉语中绝对是一个褒义词。因此，就有"看热闹"，"凑热闹"，人们就喜欢那热热闹闹，热闹与喜庆仿佛如影随形。不热闹就要人为地制造出热闹来。所以就有"闹新春"，"闹元宵"，"闹洞房"，倘若能达到人头攒动，摩肩接踵，热火朝天，人声鼎沸，热闹非凡，盛况空前的效果，那就再好不过了。仿佛热闹必然关联着繁华、兴盛和荣耀。其实，热闹是给人看的，热闹也只是一时的，内心的寂寞却只有自己知道。学会安静地生活，就是要回到自己的内心，谛听心灵的悸动和低语。

其次就是要鄙薄奢华，过一种简朴的生活。古人云："布衣暖，菜根香，诗书滋味长。"倡导简朴的生活，更多地眷注内心，作为物质极大丰富时代的生活理念，是值得肯定的。那些时常呼朋唤友胡吃海喝的人绝大多数是不爱读书的人，他们耐不住寂寞，没有自己可以独自吟咏、自视把玩的内心世界，离开了外部刺激，他们便会感到一片荒芜、寂寞难耐、无聊至极。《大学》中说:"知止而后有定,定而后能静,静而后能安,安而后能虑,虑而后能得。"止,即旨归,目标,立场。你知道自己真正需要什么,即为知止。而"静"即为"宁静",而后能"安平"。内心总是躁动不安,总觉得不如意、不满足,又如何能潜心思考与探索呢?可怜不少人总要道貌岸然、假模假样、装腔作势,实则蝇营狗苟,在灰色的世界中吐纳着污浊的空气,过着灰色的庸常的人生。

安平乐道,作为一种生活态度,不仅有助于个人的身心健康,也有助于社会的文明进步。因为,无数的个案表明:心灵的内在安宁,才是美好生活和幸福长寿最不可或缺的因素。无论是"身心尘外远,岁月坐中忘"的诗意,还是"不雨花犹落,无风絮自飞"的禅机;也不论是"一蓑烟雨任平生"的豪迈与旷达,还是"行到水穷处,坐看云起时"的从容与淡定,离开了安平乐道的生活态度,都是不可能的。

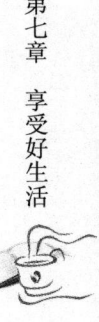

人生才是最重要的作品

享受闲暇

人生大抵有三大职责：

1. 在亲友中的职责。"父慈子孝，兄友弟恭，夫和妇顺，朋谊友信"，在这点上，不少中国人做得还不错，也是传统美德的体现。

2. 在工作中的职责。做好本职工作，包括支持、激励与温暖同事。大多数中国人的敬业精神（包括职业认同感与自豪感）还有待加强。

3. 作为社会成员的职责。即为公民的职责，包括监督公权力，提醒他人遵守社会公共秩序，倡导和践行公益精神等等，这点绝大多数中国人都有很大的努力空间。每个人能尽到以上的职责，生活就会和谐很多。把这点想清楚了，大概可以少操许多空心，多一点对自我内心的眷顾，多一点对自己的人生负责，人生匆匆几十年，好，是你的；不好，也是你的。只有你自己可以对此负责。

眷顾自己内心的人，一定不会把太多的人和事扛在肩上，他会享受闲暇。明末清初的文人张潮在《幽梦影》一文中指出："能闲世人之所忙者，方能忙世人之所闲。"好的人生就是"有闲暇，有闲钱，有闲情"的人生。有闲暇最为紧要，闲暇是一个人自由发展的空间，闲暇生智慧，自由出思想。英国散文作家洛·皮·史密斯的告诫发人深省："假如你正在失去悠闲，当心也许你正在失去灵魂。"所以当一个人总是很忙碌时，他很有可能是愚蠢。在一个无聊的时代，愚蠢的人热衷于用忙碌来显示自己的重要。而实际上，忙碌就是事情操控了你，而非你驾驭了事情。忙碌的人常常说愚蠢的话，做愚蠢的决定，而不自知。他们智商的退化使他们失去了应有的判断力。忙，在很大程度上是自找的，那背后就有贪婪。学会放弃，学会过简单生活，不追慕虚荣，更不能贪婪，衣食无忧而后方可闲适从容。而衣食无忧其实是不难达到的。古人云："大厦千间，夜宿八尺；良田万顷，日食三餐。"你总想着占有，结果就是被占有，即人为物役。

　　人活着，很重要的一件事，就是聪明地生活着。即不被蒙蔽，不被愚弄，许多事情都看得清清楚楚、真真切切，想得通通透透、明明白白，如果一个人不曾享受过闲暇，他就谈不上聪明地生活着。闲暇是为生命留的一道门缝，开的一扇窗，因为它，清新的空气才能涌入生命，让人觉得心旷神怡，仿佛拥有整个世界。苏东坡有言："江山风月，本无常主，闲者便是主人。"

人生才是最重要的作品

好日子天天都在歌里过

在这个世界上，歌唱家是非常令人羡慕的。人在投入地歌唱且觉得唱得不错时，感觉好极了。若有人听，有人鼓掌、喝彩，那感觉就更是美妙：那里面有陶醉、自豪、酣畅、豪迈、惬意……优秀的歌唱家有很多：殷秀梅、关牧村、德德玛、杨鸿基、张学友、周华健、周杰伦、孟庭苇、降央卓玛、张也……他们唱的歌常常能余音绕梁，让人回味。

及早培养对音乐，尤其是听歌与唱歌的兴趣和习惯是美好生活的一个小诀窍。因为热爱歌唱的人生不会寂寞。音乐是心灵的语言，心灵语言丰富的人自然不会寂寞。科学技术的发展，使欣赏歌曲变得非常便利，几乎随时随地都可以做到，只要你愿意，每个人都可以养成听歌和唱歌的习惯。

在歌声中感受，在歌声中思考，捕捉歌唱中美好的情愫，想象歌词中描绘的景致……这是每个人都可以有的好日子。比如邓丽君演唱的《一见你就笑》，它表达了爱情的甜蜜与力量。笑是植根于积极情感而绽放的心灵之花。但皮笑肉不笑的假笑，曲意逢迎的媚笑不在其列。爱笑的孩子健康，爱笑的人运道好。比如金志文唱的《远走高飞》，它表达了行走的奔放与不羁，人生的美好莫过于在行走中有许许多多怦然心动的发现。比如许巍唱的《蓝莲花》有一种特别的情致与韵味，它撩拨着你的心弦又轻抚着你的惆怅。对自由的倡扬和向往，也就是对真正的人的生活的倡扬和向往。

一个热爱歌唱的人，内心不会孤寂；一个热爱歌唱的人，会陶冶出细腻而丰富的情感；一个热爱歌唱的人，不会有太多负面的情感。一个人能常常做到"笑声朗朗，书声琅琅，歌声琅琅"，一定是一个幸福的生活者。

人生才是最重要的作品

通过旅游把世界装进心中

有人说：身体和心灵总要有一个在路上。身体在路上，不难理解，那就是游历，用脚步丈量世界，去那些不曾去过的地方，见识不同的人和风景。而所谓"灵魂在路上"，大概就意味着"灵修"，意味着内心的喂养与成长。其实游历远远不仅仅是"身体在路上"，而是整个人在路上——通过所有的感官把世界装进你的心中，发现世界的奇妙与美好的同时，发现我们自己。"身体与灵魂总要有一个在路上"之说，也可视为古人"读万卷书，行万里路"的现代表达。而就这二者的关系的论述再没有比张潮的"文章是案头的山水，山水是地上的文章"之说更为精准精妙的了。

旅游对于所有的人，或多或少都有所裨益。但相对来说，对于人文学者的意义更大一些。首先，旅游可以拓展心胸和眼界，使人文学者对世界的关注变得更为真切与倾心；其次，旅游中获得的视觉经验与感性认识，可以调动理论直觉，从而发现一些值得探索与研究的问题。另外，旅游中的生命体验可以赋予人文学者的文字以生命的温暖，从而可以增强文字的感染力与传播力。对于一个缺乏人文素养的人，旅游除了可以让他们获得一些谈资和谬见，其他的意义其实不大。

至少有两种取向的旅游：认知取向的旅游和审美取向的旅游。前者以获得亲身经验（包括视觉印象、实际考察）为主，以满足理智好奇心为主；后者以获得审美愉悦为主。旅游，不仅可以享受过程带给人的愉悦与惬意，还有之前的憧憬，之后的回忆。它还可以带给人许多的发现，这种发现常常是见识了许多以后，使人有作出归纳、概括的可能，所谓"踏破铁鞋无觅处，得来全不费功夫"，因而旅游也有利于创造。一个人要创造出有价值的东西，取决于许多因素，其中就包括眼界与见识，而眼界与见识，光靠阅读是不够的，还需要亲见亲历亲为。

有人喜欢自然风光，在旅游时可以更多地亲近自然。古往今来，几乎所有智者都倡导和鼓励人们要亲近自然。自然界进化的历史要大大长于人类的进化史，人类也仅仅是自然界的一部分，人类离不开自然界，可自然界如果没有人类或许更好。当然所谓"更好"仍然是人类的价值尺度的体现。自然界不仅是我们人类生存所需要的物质资源的提供者，也是人类精神创造的巨大源泉。无论是"万古长空"还是"一朝风月"，我们的注视和想象，都离不开自然的身影。

也有人偏爱人文景观，在旅游时可以更多地走进城市。一个城市你去旅游过，它就不再是一个地名。去一个城市，看什么？以下几点可以参考：

1. 看一个城市的空间布局。有的城市依山，有的城市滨江，有的城市傍湖，有的城市靠海，还有的城市依山傍水。

2. 看城市的市容市貌。包括建筑特色与水准，卫生状态，产业布局。

3. 看一个城市人们的文明程度与生存状态。

4. 看一个城市的名胜古迹。

5. 看一个城市的历史沿革。绝大多数城市都有博物馆，在这里可以了解到它的过去。

6. 了解一个城市的土特产,包括特色美食。有的城市,你去过一次,就不想再去了,可有的城市,你会百去不厌。像哈尔滨、大连、青岛、杭州、深圳、重庆、成都、上海、台北……都是有吸引力的城市。究竟是什么构成了一座城市的吸引力呢?一言以蔽之:美感。美景、美食和美人都是构成一个城市美感的元素。

《中国旅游报》多年前曾经发起并组织全国民众评比,评选出"万里长城、桂林山水、北京故宫、杭州西湖、苏州园林、安徽黄山、长江三峡、台湾日月潭、承德避暑山庄、西安秦兵马俑"十个风景名胜区,作为中国十大名胜古迹。这十个地方,你都去过吗?可以把它们作为你脚步的方向。

有品位的着装是享受生活的一部分

着装可以反映出一个人许多的方面，比如经济状况、审美趣味、自我认知、生活品位这些相互关联的方面。发达国家比发展中国家人们的着装普遍更有品质与美感，发达国家中经济状况好的又优于经济状况差一些的：瑞士人的着装就比希腊人甚至法国人要好。城里人比农村人着装更好，当今中国年轻人的着装比年长的人更好，这也反映了社会进步。

穿着得体，有品位，是一件有意义的事情。因为，穿什么和怎么穿是可以传递出"我们如何看世界""我们如何表现自己"以及"外界如何接受我们"等重要信息的。穿着正装或低调奢华的休闲服都能表现出席者对于场合的重视和尊重。穿着劣质和廉价的服装，会在一定程度上削弱一个人的力量，进而使一个人的魅力大打折扣。不仅教师以及政府官员、公众人物要讲究着装，所有自尊需要比较高的人，甚至所有人，都应该讲究着装。邋遢、不修边幅，过去人们认为仅仅是不拘小节的表现，其实，大多是文明程度不高的表现。所有人，穿着体面，都更能体现自尊自重，体现出对生活的热爱。

金玉其外败絮其中、徒有其表而无其实的人也不少见，但是一个人的内在美与外在美二者不仅是完全可以统一的，并且可以相得益彰，相映

人生才是最重要的作品

成趣。有品位的着装是享受生活的一部分，鼓励人们讲究着装，既有助于拉动内需，也可以激励服饰文化的进步，更重要的是可以提高人们的幸福指数。

礼物与收藏

如果要给"礼物"下个定义,它一定要包括两个要素:一是表达美好情意;二是主动馈赠。只要具备了这两个要素,那几乎所有物件都可以具有礼物的功能。常言道:"礼下于人,必有所求",那些手中掌握权力与资源的人,送礼的人会络绎不绝,可对于那些良知未泯的人来说,这些"礼物"统统都是负担,因为纯粹表达友爱与祝福的礼物,才会让人真正心生喜悦。

微信红包可以说是现代意义上的创新的礼物。当你想到某一位亲友,心里有缓缓的暖流涌动,给他(她)发个红包,可以代表着对对方的思念、感恩和珍惜。情感需要表达,爱需要表达。礼轻情谊重,一个不吝于送出礼物的人,通常也是乐于给予的人。礼多人不怪。但它只有是美好情感的物质载体时,它才能成其为真正的礼物。

一些人有收藏的爱好,这是值得鼓励的。人们爱好的多样化,会促进社会消费的多元化,可以推动建设一个开放的社会、多元的社会。有人喜爱香烟,有人喜爱美酒,有人喜欢高档红木家具,有人喜欢时尚奢侈品……这都没有问题,但还可以喜爱玉石、陶瓷、紫砂、砚台、茶具和字画……这样才有助于百业兴旺,人尽其才,物尽其用。如果一个社会的人

们，有太高比例的人都只喜欢红木家具，那红木的价格就会变得畸高，红木树林也容易濒临消失。倘若做一件事，既能自得其乐，又能有益于社会的文明进步，可谓两全其美，一举两得，爱好收藏也是这样。

如何安放我们的老年

中国经历过漫长的农业社会，在农耕文明中，春耕夏耘，秋收冬藏，人们生产、生活仅仅凭经验就足够应付，而一个人的经验是与他的年龄成正相关的，因此"长者本位"的文化得以形成。尊老敬老成为一种文化传统，"老爷""老总""老师""老字号"这些称谓中都充满着敬意。但人们也意识到了"老朽"的存在，人们内心深处还是向往青春年少的，苏东坡的"谁道人生无再少，门前流水尚能西"，王国维的"四时可爱唯春日，一事能狂便少年"，表达的皆是重返少年的向往。

所有的人都有老迈的那一天，如何安放我们的老年？如何使老年生活充满乐趣并也有很高的质量？这需要未雨绸缪，从年轻的时候就要做好准备。一是多注意养生保健，争取有一个硬朗的身体。二是经营好自己的交往圈子，有属于自己真正的朋友，从而老有所依。三是尽早培养自己健康的、稳定深刻的兴趣与爱好，如旅游、阅读、写作、书法、绘画、舞蹈、园艺、烹饪等，从而老有所乐。四是提升自我魅力，特别是智慧的魅力，使人乐于与你交往。五是提高个人社会化程度，更多地参与公共生活，自觉融入社会组织之中，从而老有所为。

随着年华老去，人的体力精力会有所下降，但我们还是要多给自己积

极的心理暗示。哈佛大学的心理学家艾伦·朗格教授发现："衰老是一个被灌输的概念。""老年人的虚弱、无助、多病，常常是一种习得性无助，而不是必然的生理过程。"脑神经科学的证据显示，一半以上的老年人，其大脑活跃程度与20多岁的年轻人并没有区别。为什么老年人会有习得性无助？根据朗格教授的分析，这是因为我们身处一个崇拜青春而厌弃老年的社会。这些观点仍有待进一步证实，但保持乐观、打起精神，而不是未老先衰，肯定是必要的，"老要张狂少要稳"，这可以视为中国智慧。"老要张狂"就是老年人要警惕老气横秋、暮气沉沉，而是要老骥伏枥，志在千里，相信来日方长，保持理智的好奇心与迎接挑战的勇气，正所谓"百岁以前休叹老，七情之内本无愁"。

当我们真的老了，成为一个受人欢迎与受人尊重的老人就十分必要。这样的老人一定会：

1. 和善、慈祥，而不会倚老卖老，指手画脚，也不会乱发脾气，更不会盛气凌人。

2. 干净、整洁，不论容貌，还是穿着打扮，总能干干净净，清清爽爽。

3. 乐观、开朗。不论年岁多大，都能精神矍铄，笑口常开，坦诚分享。

4. 独立、自重。不过分依赖他人，不因为自己年老别人就该照顾自己，少做为老不尊之事，比如七老八十仍在公共场合抽烟，在自助餐厅浪费食物。

5. 学会放弃。如果一个人，七老八十仍未"想得开、放得下"，还在和年轻人争机会和资源，他就谈不上有什么人生境界。合肥一位退休的老先生倡导老年人错峰出行，把有限的公交车运力留给上班族，留给上学的孩子。

这样能够为他人着想的老人，会更令人尊重。

我们怎样安度老年？这事，从小处说，关系到老年人晚年的生命质量；往大处说，关系到社会文明的进步。

人生才是最重要的作品

每个人都可以让生活变得更好

如果你生活得不如意，还在抱怨命不好，那其实是你还不够优秀。当然，一个人优不优秀，与天赋、成长环境（尤其是家境）、机遇有关，也与个人的努力与修持有关。你能不能赢得别人的信任和支持，主要取决于个人品格，而能不能抓住一些机遇则取决于你的人生规划与实现规划的努力。如果连规划都没有，即使努力，也属于瞎忙。一个优秀的人必定会是生活得好的人。

更多的人，乃至每一个人，都应该问问自己：我有什么闪光点，我有什么过人之处。有成千上万的方面，成千上万的事情，你能做到一定品位，就会有非常广阔的舞台。比如，你的书法不错，你能写歌，你善作曲，你的绘画别有风格，你文章写得好，你朗诵能令人陶醉，你演讲扣人心弦，你服装设计别具匠心……你只要有一方面优秀，你就可以笑傲江湖。可多数人，哪方面也不出众。这主要不是由于缺乏天赋，而是没有持之以恒、目标明确地付出努力。每个人都有过美好生活的权利，但唯有通过自己的努力而赢得的美好，才更加厚重与甜蜜。

我们每一个人都可以让生活变得更好。我们都有可能以诗意抵御庸常与无聊，以使命感和人类意识消解琐碎。当无助感和苟且成为一个人生活的常态时，他也就会形成一种习惯并进而形成一种消极怠惰的品性。每个人的生活都会有多种面相，更多发现生活中阳光明媚的一面，是可以做到的。要相信这个世界上有为理想而努力着并且人生灿烂辉煌的人。在一定意义上说，生命美好的姿态就是既仰望星空，又脚踏实地，朝向理想的目标不倦地行走着。

第七章 享受好生活

第八章
教育好孩子

　　我们都不能选择父母,但我们可以选择做一个怎样的父母;我们也很难选择生育一个怎样的孩子,但我们都可以选择怎样教育一个孩子。没有任何一个孩子是他(她)自己主动要求来到这个世界的。既然我们把一个生命带到了这个世界,那我们就欠了这个孩子某些东西,而首当其冲的就是要努力使他(她)受到良好的教育。如果我们的父亲母亲非常有智慧,非常有教养,那我们一定会感到庆幸和自豪。那为什么不让我们的孩子能够感到庆幸和自豪呢?父母在事业中和生活中的成功很重要,教育好孩子是最重要的一种事业,也是最有价值的一种生活。

苗族

父母是孩子的起跑线

大家熟知的"不要让孩子输在起跑线上",这个说法很形象,也有一定的道理。孩子的起跑线在哪里呢?在父母的发展程度上。父母的发展程度高,孩子的起跑线就高。任何人在智慧与品格上的缺陷,不仅会对自己的进一步发展形成障碍,也会对自己孩子的发展带来消极影响。意识到这一点,有助于提醒我们成为更好的自己、更好的家长。

从一定意义上讲,家庭教育,关键问题在家长教育,即教育家长。这意味着家庭教育不是具体的教育方式与方法的问题,而是家长的素质问题,家长的发展程度的问题。父母在生活中的成功,在自我修为中的成长,是孩子健康成长最重要的资源与养料。国内外实证研究表明,影响孩子的发展,尤其是学习成绩有三个主要因素:家庭文化背景,教师专业素养,学校的办学条件及课程设置。家庭文化背景,核心的是家长的文化素养。这包括你会关注什么,你会如何待人接物,你会怎样思考以及你会用一套怎样的语言来表达。一位母亲带他的孩子出去玩,经过一个小水坑,她对儿子说:"这小水坑,我们一下就可以跨过去,可对小蚂蚁来说,那可是汪洋大海呀"。过了几天,当孩子又经过一个小水坑时,他喃喃自语:"这个水坑,对小蚂蚁来说,那可是汪洋大海呀。"可见,孩子记住了母亲

先前的语言。可有多少母亲在和孩子说话时，可以使用完整、精准、包含丰富信息、富于想象力的语言表达呢？使用好的语言表达就是家长素质的一种体现。

现在一些父母过多地将时间、精力、关爱与期望倾注在孩子身上，这非常不利于孩子的健康成长。父母应更多地关注社会、关爱他人、关注自身的成长。有的家长眼中只有自己的孩子，对其他孩子非常冷漠，甚至连对自己的侄儿、侄女都缺乏真诚关爱，这种素质的父母会为孩子树立一个怎样的榜样呢？一个胸襟狭小、目光短浅的家长，怎能陪伴一棵参天大树的成长呢？做一个有格局的家长，除了自己受益，孩子也会跟着受益。

孩子是一个独立的个体，有他自己的人生，作为父母，最好不要把自己的喜怒哀乐寄托在孩子身上。既不要为孩子而活，那会有太多的牺牲，也不能让孩子为你而活，那会有太多的控制。"儿孙自有儿孙福"，这个观念很好。每株小草都有阳光雨露的滋润，每一代人也都有属于自己的天地。聪明的父母会做好自己，成长好自己，让孩子放心去经历，去飞翔。

好妈妈胜过好老师

"好妈妈胜过好老师",这话很具有真理性。孩子成长为个性和谐、好学上进、充满活力的青年,很大程度都因为有一个好母亲。贤淑与温婉是女人最为重要的品德,而它们一定以善良为底蕴。一个处处争强好胜、过于强势、暴躁。这样的女人的孩子很可能成为这样的人:要么,十分懦弱;要么,极其叛逆。总之,很难有温润和谐的个性。

丰子恺、老舍、邹韬奋、朱德和胡适,五位前辈都写过《我的母亲》。这五位先生都是人中豪杰。能有这么优秀的儿子,母亲自然功不可没,而且,她们本身也很优秀。尽管她们没有受过良好的教育,有的甚至都不识字,但她们都具有勤劳、慈爱、朴实、俭朴的美德。孩子的成长,母亲扮演着更重要的角色。因此,女性的素质决定着一个民族的软实力,这个结论是可以成立的,好社会的建设呼唤好女性。

好女性对社会文明进步为什么这么重要呢?首先,女性占全社会人口的一半,是"半边天",她们的好品性直接影响着社会的文明。好女人温婉、贤惠、善良、谦和有礼、通情达理,一颦一笑都给人如沐春风之感。而不好的女人固执、偏激、刻毒、凉薄、极端自私自利……其次,作为另一半的男性是女性影响、教育的产物。"女人是一所学校",它塑造着男人

的品格与品味。遇到好女人是一个男人最大的幸运。再次，好女人影响和决定着孩子的成长和家庭的幸福。网上有个帖子道理讲得非常透彻："若你爹娶错了女人，那么你的童年将会生活在痛苦之中；若你娶错了女人，那你的中年也将生活在痛苦中；万一你儿子再娶错了女人，你将会在孤独痛苦中了此残生。"

几年前北京大兴区刑满释放人员韩某与两岁女婴的母亲李女士发生冲突，韩某将女婴从婴儿车内抱起摔在地上致女婴死亡，这是一起悲剧。这一悲剧带给人们的教训就是，友善、微笑可以在很大程度上避免冲突的发生；当与人发生冲突时，要尽可能保持克制。我们可以严厉谴责罪犯韩某——他冲动且狠毒，不顾后果，为此付出了惨重代价。我们也需要反思，如果李女士语气和善、面带歉意，这一悲剧是完全可以避免的。有时，友善和礼貌是对自己最好的保护，尤其是对女性来说。有些女性在小事上吃不了亏，但差不多在大的方面都会吃大亏，比如婚姻不幸，比如遇上同样浑不懔的罪犯韩某。教育孩子，尤其是教育女孩子礼貌谦让，温婉和善，比获取什么学位、考到什么证书，都重要许多。

好家风造就好孩子

正如家庭是社会的细胞，家风折射的是社会文明水准。中国传统社会中优良的家风包括尊老爱幼、诚信忠厚、勤俭持家、邻里守望等等。这些优秀传统都值得发扬光大，但在建设美好社会的今天，更多地需要强调家风中有崇尚科学、崇尚民主、崇尚简朴的元素，鼓励和支持家庭成员拥有科学精神和民主意识，关注公共生活，参与社会建设。

科学精神似乎有些玄虚，其实是可以体现在家庭日常生活中的。比如下班回家，孩子打电话问你还要多久才能到，你回答"不远了"。"不远"是多远呢？这个不是准确的信息。孩子问你一年的收入多少？你回答一年几万块钱。两三万，八九万都是几万元，可它们之间相差至少三倍。这样笼统的缺乏精确信息的交流在我们的生活中司空见惯。细腻思考、思虑周详与精当表达，这都与科学精神相关。对此，绝大多数的家长都需要补一补课。

在家庭生活中，自觉营造民主的家风，所有家长都可以有所作为。比如，家庭中比较重要的事情都通过家庭会议来协商。在会议中，每个人都尽量充分表达自己的意见，说理充分，认真倾听别人的发言，尊重每一个人的意志，不强求他人；作出共同行动的决定时，每个人都懂得适当的妥

协、退让和放弃。其实，民主的家风就体现在这些生活的细节中，家庭中如果充满着霸道和暴力，足以摧毁一个人一生的幸福。大量研究以及实践经验表明：在充满爱与温暖的氛围中，儿童、青少年的良好的人格品质更易于形成，而良好的人格是幸福人生的基石。作为父母，用家暴虐待孩子无异于犯罪，因为他们不仅在制造一个注定只能拥有悲剧人生的人，也在给这个社会增添一个潜在的破坏者。

崇尚简朴也很重要。"我们给孩子们留下一个怎样的地球，取决于我们给地球留下一群怎样的孩子。"这句有点像绕口令的话还是很有道理的：我们能不能让孩子具有环保意识以及与此相关的节俭、朴素、简单生活等意识，影响着他们怎样对待环境、对待物质、对待其他生物。那些追逐奢华、挥霍无度、暴殄天物的人，既缺少内心的朴素，又缺乏高贵的教养。他们缺乏对于自然的敬畏，缺乏对精神生活的眷注与热爱，更不要指望他们能珍爱万物、淡泊宁静了，古人讲"静以修身，俭以养德"，不愧为至理名言。

黎锦熙先生是杰出的学者，他出生于湖南湘潭的一个书香门第，兄弟八人各有专才，人称"黎氏八骏"。他们的父亲黎松庵饱读诗书，十分热衷于与有学识的人交往。杰出的国画大师齐白石先生就曾在黎家居住过近四年，王仲言等书生在黎家创办过"罗山诗社"。罗氏兄弟八人从小生活在充满爱、充满对学问的尊尚、对自由的向往的家庭氛围中。这给我们以启示：建设好的家风，在孩子幼小的心灵中播种下真理、爱与自由的精神种子，它一定会发芽、生根、开花与结果。好的家风培育孩子好的品格，好的品格造就孩子好的人生。

父母与孩子和平共处的五项原则

父母与孩子和平共处实在太重要了，它关系到家庭成员的身心健康、家庭幸福和生命质量。那么，父母与孩子怎样才能和平共处呢？

第一条：互相尊重。这可以列为黄金原则。互相尊重很重要的一点是站在对方的立场和角度想问题，但很多父母都做不到这一点，比如，父母经常会扔掉孩子的一些东西，这些东西在大人眼里没用，对于孩子来说却可能意义非凡，被扔掉会让孩子特别伤心。每个生命都是独立的个体，都有自己的需要、感受和想法，如果这些需要、感受和想法总是受到忽视、否定与压抑时，互相尊重就无从谈起，和平共处也就不太可能。黎巴嫩作家纪伯伦的散文诗《孩子》里有一段很好的话："你们可以给他们爱，却不可以给他们思想，因为他们有自己的思想；你可以荫庇他们的身体，却不能荫蔽他们的灵魂，因为他们的灵魂，是住在明日的宅中，那是你们在梦中也不能想见的。"父母是弓，孩子是箭，箭终究要射向远方，孩子终究要离开父母的身旁。父母要尊重孩子独立的人格和成长的权利，不要包办代替，不要过度保护，不要瞎操心，孩子的成长和幸福都是"自己的事情"，必须自己去经历、去实现。

第二条：不打人，不骂人。我们经常听到一句话："打是亲，骂是爱；

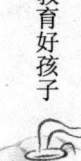

刀子嘴，豆腐心。"这其实是狡辩和借口。真正的爱里，没有暴力，只有亲昵；没有声色俱厉，只有和颜悦色。"打孩子、骂孩子"一定是会让孩子伤心的，一定是不利于父母与孩子和平共处的，一个从小遭受家庭暴力的孩子，很难形成健康的人格，暴力不仅会带给他身体上的疼痛，更严重的是留下心理上的伤痕，而且打骂造成的伤痕是很难褪色的。

第三条：不比较，不唠叨。比较和唠叨是很多家长常见的行为，"隔壁谁谁家的孩子怎么怎么样"是令所有孩子头疼的一条咒语。儿童文学作家秦文君女士写的《表哥驾到》里讲了这样一件事："主人公的妈妈常念叨他表哥的各种好，而主人公又无意中听到表哥的妈妈念叨他的各种好，主人公和表哥真是难兄难弟，都被自己的妈妈比较而弄得灰头土脸没有信心。"很多孩子本来自己想去做一件事了，听到大人一唠叨，反而不愿意做了，这是唠叨引起的逆反。马克·吐温讲过一个故事，有一次他去听募捐演讲，本来他想捐钱，可演讲的人唠叨个没完没了，结果他不仅没捐钱，反而还从募捐箱拿走了一些钱。

第四条：多表扬，多送礼物。《爱的五种语言》这本书中提道：肯定的言词、投入的时间、用心的礼物、服务的行动和身体的接触是爱的实际表现，表扬和送礼物是拉近人与人距离的很好的办法，因为每个人都有获得他人认可和关心的需要。来看一首童诗《耳朵放哪了》。

有时候

我的耳朵会放在书里

爸爸叫我吃饭

我听不见

有时候

我的耳朵会放在电视里

妈妈叫我睡觉

我听不见

有时候

我的耳朵从不乱放

比如那些表扬的话

我全听得见

这首诗就说明了表扬是很有效的，表扬和赞美也是不用花钱的礼物，它有利于父母与孩子和平共处。

第五条：不任性，不固执。任性和固执，实质上是故步自封，拒绝成长，这不仅招人讨厌，而且易起冲突，不利于和平共处。只有不断学习，不断成长，才能遇见更好的自己，从而遇见更好的孩子。

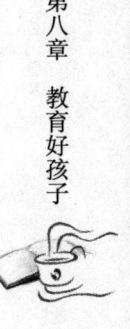

人生才是最重要的作品

有出息的孩子的特征

对于所有为人父母的人来说，孩子成长得好，有出息，是一件特别令人欣慰的事。那么，有出息的孩子都具有哪些特征呢？

清代学者叶燮在《原诗》中指出，为文治学需讲求"才胆识力"。其实，这也可以看作是有出息的人的特征。所谓才，即才华、灵性、思想的表现力，有更多的天赋的成分；胆即勇气、敢于担待的精神与自信力；识即判断力、洞察力，在叶燮看来才、胆、识、力四个要素，其中的识处于核心地位。主体的自信力，是建立在"识"的基础上的，"识明而胆张"，"因无识，故无胆，使笔墨不能自由"；"力"是"才"所依赖的生理心理能量，体现在作品中是作品的生命力。尽管叶燮的分类并非无懈可击，但他强调了胆，且是基于识的胆，殊为不易。

谷歌也提出过关于人才的5个标准：

1. 学习能力，接受新生事物，在孤立分散零星的信息中寻找内在规律。

2. 领导力，有影响团队成员的能力，并在关键时刻能挺身而出。

3. 待人友善，能尊重包容不同意见，有亲和力。

4. 主人翁意识，能主动应对各种挑战，并敢于承担责任。

5. 专业知识。从中我们可以总结出这样两点：能力比知识重要，人格修养比能力重要。一个人有没有出息，最终取决于一个人的人格修养怎么样。教育孩子做一个正派的人，这是家长首要的责任。因为一个人不正派，他掌握的知识和技能不仅不可能为公共利益服务，还可能毒化人与人之间关系，危害社会的和谐。

"三岁看小，七岁看老"是民间流传的一句谚语，它表明一个人早年的特质对今后的发展有至关重要的影响。一般来说，具有下面一些特征或表现的孩子今后会比较有出息：

1. 自命不凡。年少轻狂，显得幼稚、浅薄，但这样的孩子却有可能成大器。原因就在于"狂妄的人有救，自卑的人没有救"，狂妄使人内心有一股熊熊烈焰照亮心扉，狂妄会使人跌跤，可"跌跤"对于人的成长很有意义。

2. 高度专注与痴迷于某一活动或事物。"艺痴者技必良"，艺痴如此，其他的痴迷也会获得有深度的沉浸体验，并发展出坚毅有恒的品质。3. 热衷于舞文弄墨，即有对文字表达的热爱与敏感。文字表达是高于口头表达的，文字表达有赖于更细密的内部语言的发展："推敲、斟酌、把玩、润色"都是更精细的内部的思维活动，比较早地发展出这类思维品质的孩子在取得良好的学业成就中会更具有优势。

有出息的孩子有什么特征？我们还可以来看一个真实的故事：在美国肯塔基州，7岁女孩赛勒·古茨勒从失事的飞机上掉落到一个黑洞里，孤身一人，光脚行走约1.6公里，其间穿过两处堤坝、一座山、一处河床，横渡一条约3.6米深的溪流，这个杰出、勇敢的孩子的求生技能是她在此次飞机失事中不幸死去的父亲教给她的，让她带伤在寒冷的黑夜中行走那

人生才是最重要的作品

么远最终寻求到帮助。她用飞机坠毁后燃烧的机翼点燃树枝来帮助她照亮密林的道路。假如她只会哭泣，只穿着短裤和短袖衬衫的她，在寒冷的冬夜里等救援的人员到达之前就会被冷死。这是一个优秀的孩子，一个有出息的孩子，因为她有着强大的生命力。

尊重孩子的个性

个性的外在表现为独特性,而内在的特质却是主体性。有人热情奔放,有人冷峻内敛;有人做事干净利落,有人则优柔寡断、拖泥带水;有人积极乐观,惯于正面地看问题,有人则消极悲观,常常心灰意冷、无精打采。无论是缺乏独立性、自主性(表现为缺乏主见、人云亦云、盲目从众),还是缺乏创造性(表现为内心世界的贫乏、智慧上的平庸),都会被视为缺乏个性。正如康德所指出的:"'他有个性',这在绝大多数场合下不单是说到他,而且也是在称赞他,因为这是一种激起人家对他的敬重和赞叹的可贵性质。"

心理学研究发现,具有良好个性的人表现为:

(1)人格完整,自我感觉良好,情绪稳定,且积极情绪多于消极情绪;有较好的自控能力,能保持心理平衡;能自尊、自爱、自信,有自知之明。

(2)一个人在所处的环境中,有充分的安全感,且能保持正常的人际关系,能受到他人的欢迎和信任。

(3)对未来有明确的生活目标,并能切合实际不断进取,有理想和事业上的追求。

人生才是最重要的作品

家庭教育要基于对孩子独特性的尊重。正如苏霍姆林斯基所说:"其实在每一个孩子心灵最隐蔽处的一角,都有一根独特的琴弦,拨动它就会发出特有的音响,要想使孩子的心同我讲的话发生共鸣,那么我必须同孩子的心弦对准音调。"为什么要特别尊重孩子的个性呢?

首先,每个人生来原本就是独一无二的,正如我们每一个人的指纹是独一无二的一样,这也是每一个人的生命之所以值得无比珍视的一个重要原因;如果我们要求用一种模式去限制原本是丰富多彩、各具特征的个人的发展,就意味着我们对某些个体的不公正。

有一个日本女孩,自小就嗓音沙哑,同龄人都因她"丑陋的声音"而不愿与她交朋友。但这个女孩从来没有因此而郁郁寡欢,她一直积极而快乐地寻找着每一个展示自己的机会。后来日本著名的漫画家藤子不二雄恰好观看了这个女孩出演的话剧,女孩独特的声音立刻吸引了他。漫画家让女孩担任了《机器猫》的配音演员,她不负众望,沙哑的嗓音像长了翅膀一样,伴着卡通片飞遍了世界各地。魅力无限的独特声音使她成为家喻户晓及孩子们争相模仿的天才配音演员。

正是独特性,让这个日本女孩有了成功的机会,绽放了生命的光彩。

其次,每一个人的独特性是人类文化多姿多彩的重要源泉,因而是人类文明不断进步的重要源泉;各个个人的独特性亦即我们之间的差异性,而差异既使得合作成为必要,也使得合作成为可能;人类文化进步的动力就蕴藏在个人的独特性之中。独特性不单单是个性的外在表现形式，而且是个性得以确立的表征，是个体内在自然——天赋的凸现、显发的确证。建基于主体性与创造性的独特性是个体个性发展程度的标尺，也就是说，越是具有以主体性与创造性为底蕴的独特性，个体的发展程度就越高，个体自我实现的程度就越高，个体内在自然——潜能——的实现程度越高。

人生才是最重要的作品

什么样的人能成为领导者

在很多人的观念中,当领导就是行使权力,甚至可以耀武扬威,风光八面,吆三喝四,人五人六。实际上,领导者更多充当的是决策者,是公共利益的服务者和责任人,领导者的本质就是对其属下的福祉承担责任的人。领导是观点的分享,意见的达成和责任的分担的一系列行为。

领导力即能给予别人积极影响的能力,包括激励、鼓舞、感召、鞭策、启迪、引领、指导、推动、恩泽等。不是只有领导者才有领导力的问题,所有人都有这个问题。一个人的领导力其实就是他的力量,他的个人魅力,他影响别人改变思想和行动的能力。领导力的核心元素是智慧与品格,前者可以表现为良好的判断力、规划与决策的能力,后者表现为正直、善良、责任感与勇气等。善良这种高贵的品格,作为领导者尤为需要。一个优秀的领导者需要有一种宽广的胸怀,不仅能为自己的支持者的福祉承担责任,也能对和自己有过摩擦、冲突、存有隔阂乃至敌意的下属的福祉负责。普罗大众的"你若不仁,我就不义"的道义逻辑似乎还合情合理,但对于领导者来说,这样的情理就不够水准了。

在我们的生活中,有不少领导者奉行"顺我者昌,逆我者亡"的理念,想方设法用冠冕堂皇的制度、规则、打击报复他视为敌人的人,等着看别人的笑话，对他人的失利和挫折抱以幸灾乐祸的态度，这种现象还普遍存在。网文《整人：中国社会最卑劣的人性》中有幅漫画，画上两个人，一个是洋洋得意的大将，另一个是垂头丧气的小卒。画上的诗写道："大将休神气，小卒莫自卑；来日再登台，难保不换位。"其实，换不换位都不该整人，都该善待他人。整人、为难别人、希望别人倒霉，都是内心阴暗的表现，是人身上的污点，也是折福折寿的业障。光明正大地做人，无丝毫的害人之心，这是造化，也必然会有福报。

我们都会有这样的体会，当我们从领导者那里得到的积极的情感体验愈多，我们乐于和能够释放的热情与友善就越多，就会有更多的信任、礼貌和互助。相反，当我们觉得领导者令人讨厌，我们就会倾向于表现出冷漠、嫌恶甚至仇恨。当领导者需要帮助和支持时，人们更多会选择事不关己的态度，表现出视而不见。所以，领导者最基本的修养是要学会尊重人，不把任何人当成你达到目的的手段，也不把任何人当成可以随意使唤和打击的对象。任何时候都能尊重任何人，不论其身份、背景、境遇，也不附加任何条件。领导者更应该相信"对别人好就是对自己好"。所谓"好"就是成人之美，就是力所能及帮助别人，就是尽可能带给别人积极的影响。古人说"种瓜得瓜，种豆得豆"。善行与恶行不同的不仅仅是结果，也包括过程，善行会提高人的自我评价，让人有更积极的情绪体验，从而可以提高人的免疫力。

只有那些内心高贵、品德高尚的人，才能成为卓越的领导者，也才能拥有强大的领导力。培养孩子的领导力，对于提升孩子的个人价值感和孩子形成良好品格是非常一致的。

人生才是最重要的作品

培养讲理的孩子

凡事都得讲理。理直,才能气壮;理得,才会心安;据理,方可力争。何为"理"?伦理、法理、哲理、物理、心理……各行各业都有"道",万事万物皆有"理"。虽然"人心不同,各如其面",但"人同此心,心同此理"是更为基本的一面。对几乎所有事情的合理性判断,依据常情常理,基本上不会有太大的错。

在一定意义上说,教育无非是为了让人知书识"理"、通情达理。所以,家庭教育中至关重要的一点就是,总要和孩子讲道理,心平气和地讲道理,有理有据、情真意切地讲道理,切忌简单粗暴地呵斥、责骂,更不要羞辱。可很多家长自己懂的道理就不多,又不善于讲道理,对孩子要么放纵,要么蛮横,这都将为孩子青春期叛逆埋下种子。

我们培养的人首先应该是一个讲理的人,讲理的人才可能讲道德,重信誉,才能够守护道义,才能为人信任。如果尽讲歪理,那就是霸道,那就是流氓。如果一个民族的人,习惯了强词夺理,没有正确的价值观,颠倒黑白、混淆是非,满嘴谎言,就难以为文明世界所接纳。教育要把"培养凡事讲理、追求真理、服膺真理的人"作为自觉的追求,长期被欺骗和被愚弄的人,无法面对真理,当然也无法赢得信任、赢得尊重和光明的未来。

培养孩子成为一个讲理的人，对于建设一个民主、法治、文明与和谐的社会十分必要。如果一个社会中，有相当比例的人能够做到"凡事认真，凡事讲理"，这个社会就能成为文明社会。这个社会的成员个人生活的幸福指数就会比较高。这两个"凡事"背后，其实就是科学精神与民主精神，意味着不马虎、不敷衍、不苟且、不霸道、不蛮横、不以强凌弱、不仗势欺人……

讲理，一涉及"理"本身的合理性，有的"理"可能是歪理，如成王败寇。二涉及如何讲。讲理的过程要看对象，用对方可以理解和接受的方式及内容，心平气和、充满尊重地循循善诱。对孩子任性的哭闹，一些人选择用恐吓，或者物质收买，或者欺骗，这都不是正当的方法。我们的社会，不讲理的人很多。家长要率先垂范，家长如果总是能够温和而坚定地讲理，孩子会更通情达理。

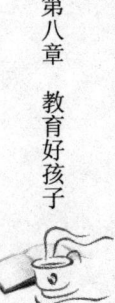

人生才是最重要的作品

生命在于表达

孔子说："君子讷于言而敏于行"，这句话在某种意义上具有真理性。但它在中国文明的发展中很可能也起到了消极的作用，那就是轻视口头语言的表达。在中国文化中，善于口头表达至少没有被很好地重视，更谈不上推崇。相反，巧言令色、巧舌如簧、油嘴滑舌、夸夸其谈……这些成语都有贬损良好的口语表达的意涵，尽管的确有人光说得好听而没有相应的行动。而在西方教育中，很早就重视"雄辩术"，与重视逻辑和修辞一道，对于西方人善于表达，包括善于演讲，可谓功不可没。

在欧美国家，大多数人在公开正式的场合讲话，表达非常流畅、富有条理，很少结结巴巴、吞吞吐吐，或者夹杂着一些口头禅，并且肢体语言和面部表情也很丰富，甚至偶尔有些夸张，给人留下美好的印象。在公开场合，条理清晰、措词精当、富于思想、给人印象深刻的讲话、演说，对演讲者个人来说，可以提升个人魅力，对听众来说，可以受到有价值的影响。所以，我们的教育很有必要注重培养孩子自信从容，条理清晰，有根有据和富有个性的口头表达，有的孩子到了硕士研究生，甚至博士研究生阶段都还不具备这样的能力，这是一个值得重视的问题。这不仅仅关系到口语的训练，也关系到一个人有没有真正属于他的思想，有没有足够的积累，以及有没有自信、开朗的个性品质。

人们生活实践以及研究表明：乐于与人打交道，乐于分享，善于沟通，乐于表达内心的真实想法，是非常宝贵的品质。因为它不仅有利于个人生活品质的提高，也有利于美好社会的建设。婚姻质量无疑会影响个人的生活品质，而婚姻质量很大程度上取决于语言交流的量与质。一对有说有笑的夫妻，婚姻质量也不会差到哪里去。特别是当人们老迈之时，社会交往面渐趋狭窄，夫妻之间的交流就变得更为重要。一个人性格开朗、健谈是可以培养的，家庭教育和学校教育都大有可为。

受过良好教育的人有一个显著特征是对语言的敏感，语言与人的内心的粗糙或精致程度息息相关，大家知道很多歌词都具备"信达雅"这些特征，比如"人字的结构就是相互支撑"；"美丽的目光不属于流泪的双眼"；"春天已准时到来，你的心窗打没打开，对着蓝天许个心愿，阳光就会走进来"；"我所能想到的最浪漫的事情就是和你一起慢慢变老"；"因为梦过你的梦，因为苦过你的苦，因为追逐着你的追逐，因为幸福着你的幸福"；"有多少爱可以重来，有多少人值得等待"；"没有人能挽回时间的狂流，没有人能了解聚散之间的定义；没有人能挽回时间的狂流，没有人能誓言相许永不分离"；"我们对着太阳说，信念不会改变；我们对着大地说，生活总会改变；我们对着长江说，追求不会改变；我们对着黄河说，贫穷总会改变"；"遥远的路途、昨夜的梦以及远去的笑声，再次的见面我们又历经了多少的路程"，像这样精致优雅的歌词，不胜枚举。我们每个人都有一个内部的语言系统，如果我们大量地积累这样的语言，我们内部的语言系统就会得到改造，语言的奇迹就会转化为生命的奇迹。语言的奇迹何以能够转化为生命的奇迹呢？因为语言的背后是思想情怀，当我们拥有了美好的思想和美好的情怀，我们的生命当然也就变得美好了。"改变了你的语言，就改变了你的世界"，从小鼓励孩子乐于表达、善于表达，这将使他受益终身。

人生才是最重要的作品

批评使人进步

　　一个人的成长，需要两种力量：实事求是的肯定与鼓励，同时也需要善意、中肯的批评与建议。常常，适当的批评更能让人进步与成长。一个正派而内心强大的人，从不忌惮批评。

　　真正的教育一定包括让人习惯于不同的声音，不断地从狭隘走向广阔。人们都更乐意听到肯定与赞赏，这是人之常情。但小到一个人，大到一个团队，没有谁是尽善尽美的。听得见批评的乃至挑剔的意见，是成熟的、具有胸襟的表现。而勇于承认自己的缺失与不足，就更是明智之举。是批评的声音，而非赞赏的声音，喂大了人们的格局。自信满满，并非总是表现为"一贯正确"，而是勇于自我反省、自我检讨，以及开放与包容。只听得见赞美、肯定的意见，听不进去批评与质疑的声音，是一个人胸心狭小与智力低下的一种表现。

　　真正的批评区别于挑剔、责难、呵斥、抱怨、攻击、诋毁、羞辱、诅咒、嘲讽等等，它具有以下几个特征：1. 有善意的、真诚的关注；2. 发现并具体地指出批评对象存在的瑕疵，缺憾，不足乃至错误；3. 乐于分析存在不理想状态的原因；4. 提供具体的建设性的改建策略与措施。具备上述特征的批评一定有利于个人与社会进步。

"批评"并非就是否定，并非一定意味着负面评价。批评，代表着积极的回应与真诚的关切："我看到你的瑕疵，我希望你更完美"。一个人的所作所为，最可悲的莫过于智者不以为然、满不在乎、冷漠以对。"因为热爱，所以批评。"所谓"热爱"，包括"喜欢、亲近、依恋、珍惜、呵护、充满期待、盼望更好……"人们对故乡、对祖国的热爱，对身边人的热爱，就一定会希望他们变得更好，就难免会提出一些善意的批评，倘若没有热爱，就不会批评，尤其在批评充满风险时，倘若没有热爱，就会采用"随它去吧"的态度而明哲保身。"批评使人进步"是有其道理的，批评者很多都是你生命中的贵人或亲人。

父母可以批评孩子，孩子也可以批评父母，但是批评需要注意时机和方式。"赞誉公堂，规过密室"，不论多么善意的批评时也要顾及对方的感受，采取巧妙的批评方式和适当的语言。

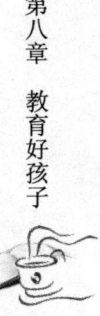

人生才是最重要的作品

重视体育的价值

　　体育是人类的发明，是人类送给自身生命最美好的礼物之一。体育的最高目的是为了生命更美好。它的具体作用表现在三个方面。一是强壮人的自然生命。人是自然的存在，体是"人"之"本"，人的生命寄居于身体。因此，强身健体是体育最单纯最直接的目的。我们可以通过体育锻炼肌肉、增强力量，提高身体的各项机能。正如古希腊的格言所说"如果你想强壮，跑步吧！如果你想健美，跑步吧！"二是发展人的社会生命。"人是社会关系的总和"，人的成长过程就是不断社会化的过程，体育在人的社会化过程中可以发挥不可低估的作用。萨马兰奇就曾说过："人类有五种通用语言，金钱、战争、艺术、性和体育，而体育能把前四者融合在一起。"体育可以让素不相识的人走在一起，抛却分歧，彼此交流，分享快乐，增进友谊，在生活中，我们常常会发现热爱体育的人大多热情开朗，有良好的人际关系。三是丰富人的精神生命。人与动物最根本的区别在于人是精神的存在，许多动物的身体素质和机能都强过人，人却因为有了精神而成为"万物之灵"。人的精神在体育中也打下了不可磨灭的印记，无论是"公平、公正、公开"还是"更高、更快、更强"，都彰显了人的美好愿望和朴素的价值观。真正杰出的运动员绝对不是"四肢发达，头脑简单"的人，体育对于智慧能力的发展同样具有特别的意义。体育是一个极度需要想象力和创造性的活动，特别是激烈的竞技场，更离不开机智和敏捷。现在一些家长为了孩子取得较好的文化成绩，不断给孩子报各种课外培训班，让孩子不断上网课，加重了孩子负担，减少甚至剥夺了孩子参加体育活动的时间，这是得不偿失的。

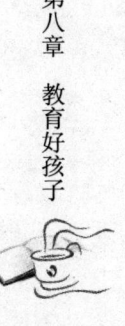

人生才是最重要的作品

孩子选择什么专业好

如果问今天的中小学生这样一个问题："长大后，你想从事什么工作？"估计有不小比例的孩子没有明确的答案。这反映出家庭教育和学校教育在引导孩子进行人生规划上的缺失。对中小学生来说，在一定程度上的确存在这样的问题：究竟是在为什么而学习，他们并不真正明白，反正上学就是上课、做作业、考试、排名……上重点中学，上名牌大学。很少有学生能清醒地认识到今天学习是在为自己的幸福人生奠基。

进行人生规划，每个人都需要明确自己的兴趣爱好及优势所在，长大后连自己想干什么都不清楚的孩子，很可能是对自己的兴趣爱好及优长缺乏认知。孩子上大学选择什么专业比较好？长大后干什么工作好？当然应该结合孩子的兴趣、特长等因素综合考量。但如果可能，特别是不与孩子的志趣相冲突的前提下，孩子选择的专业与父母的专业尽量一致或相近，是有一定的意义的。过去讲"家学渊源"，讲"子承父业"，其可取之处在于使孩子相对来说在专业成长上有一个比较高一点的起点，更好地传承学术或家业。中国历史上，子承父业而取得卓越成就的，古代有书法界的"二王"、文学创作的"三曹""三苏"，近现代有学术界的"二钱"（钱基博与钱钟书父子）"二汤"（汤用彤与汤一介父子）、文化界的有叶家祖孙四代（叶圣陶、叶至诚、叶至善、叶兆言），自觉利用家庭的"文化资本"让孩子成长得更快、更好是切实可行的。如果每一代人都"另起炉灶"，就会浪费掉一些已有的资源和积累，而且，孩子的志趣是可以培养的，如果孩子对父母的专业缺乏兴趣，也有可能说明家庭教育中存在某种不足，至少说明父母对于孩子的影响力不够大。

在文明程度比较高的欧美国家，社会上层家庭的子女更多地选择一流大学的人文学科。其中一个原因在于出身上流社会家庭的孩子要挣钱养家糊口的压力比较小，可以比较充分地发展个人的兴趣与爱好。学文科，有更多的机会展示一个人的智慧魅力和个性魅力。西方国家的社会管理者，特别是政府官员，大多文科出身，如法律、政治学、管理学、经济学、文学、历史等。

父母怎样指导孩子填好高考志愿？可以参考这样几点：

1. 尊重孩子的意愿，特别要照顾到孩子的兴趣与智能，"热爱是最好的老师"，志从趣生。

2. 选择的大学、专业以及学校所在的城市总的来说各有千秋，难分高下，萝卜白菜各有所爱，因此不必过于纠结，平常心最好。

3. 人生的路很漫长，有很多选择的机会。况且，人算不如天算的事屡见不鲜，因为未来有许多你无法预料的因素，比如说，你不知道孩子会遇到谁，而遇到谁会给孩子特别大的影响。

4. 不管上哪所大学，学什么专业，都要教育孩子做一个有优良品格、有高远追求的人。

人生才是最重要的作品

要不要送孩子出国留学

许多家长对于要不要送孩子出国留学很纠结，这个也确实需要综合考虑各方面的因素。经济因素就是一个非常重要的方面，孩子在欧美国家留学一年的花费至少需要几十万人民币。如果孩子在国内能上一流大学，在国内读本科也是可以的，研究生，甚至博士阶段出国念书也不迟。如果家庭经济状况很好，孩子又上不了国内一流大学，送孩子出国读本科是不错的选择。但如果家境并不很好，就没必要打肿脸充胖子。古人说得好："儿孙自有儿孙福，莫与儿孙作马牛。"孩子的前途固然重要，那父母的生活就不重要了吗？而且，如果孩子争气，在国内也可以大有作为。

有的家庭家境并不殷实，可孩子吵着闹着要出国留学，家长甚是纠结和苦恼。这在一定意义上是家庭教育的失败，孩子应该知道父母的生存境况，不顾父母的压力一味吵着要出国读书，这样的孩子不免有些自私。孩子都是父母培养出来的，孩子自私父母也是有责任的。而且，孩子自私是其品格的体现，品格与学业是高度相关的，品格不优秀的孩子，学业也好不到哪里去，在国内学业不好，去国外就变得成绩优秀，这种可能性不会很大。这样的孩子出国留学并不能保证他就一定就有一个好前程。

《2015版留美中国学生现状白皮书》显示，当年被美国高校明确开除的中国留美学生已经达留学生总数的 3%，而此前被开除的留美中国学生总数也有 8000 人。原因多为学术表现差、学术不诚实（作业抄袭、请人代考、考试作弊等）。现在一些家长将在国内学业不良的孩子送出国，以为到了国外他们学业就不是问题了，这种想法过于简单。知识的学习、智力的发展有着共同的规律。一个人学得如何与自己的人格品质以及学习习惯和方法、教师的教学、家庭文化背景等因素都相关，家长在送孩子出国时要充分认识到这点，千万不要以为出了国就万事大吉了。

任何人在任何领域要取得比较大的成就都离不开这四个影响因素：天赋、品格、方法和机遇，差别仅仅在于在不同人身上，这四个因素各自发挥的作用不同。天赋，它与生俱来，是上帝投色子的结果。天赋在艺术和高深科学、人文学术方面其重要性更大。品格，包括勤奋努力、恒心与毅力、谨慎与耐心、诚实与正直等。它在很大程度上决定着天赋的实现程度。各个领域都会有自己的一套方法，能不能找到、习得和掌握这套方法，自然会影响到取得成就的大小。机遇表现在一个人能否遇到贵人，能否找到施展才华的舞台，能否获得必要的资源。出国可以算作一个机遇，但只是成才的因素中的一个，对于绝大多数人来说，它还不是具有决定性作用的那一个。

后记：人生真正的财富

有两个关于农夫的故事，让人印象很深刻。

第一个农夫，我们不妨称其为"躺平"的农夫。

一位刚干完农活的农夫躺着晒太阳，旁边的富翁问他：这么好的天，你为什么不去干农活？

农夫说：我已经干完一天的活了！

富翁说：天还这么早，你怎么不多干点活呢？

农夫反问：为什么要多干活呢？

富翁说：多干活就可以多赚钱，多赚钱就可以多买地，然后赚更多的钱。

农夫回答：赚那么多钱做什么？

富翁说：有了更多的钱，你就可以雇佣别人帮你干活，你就可以舒舒服服躺着晒太阳了。

农夫笑着反诘到：那我现在不正在晒太阳吗？

在现实中，可能也有很多人认同和秉持故事中农夫的"躺平"的生活理念，但实际上这是不值得提倡的态度，人生真正的财富一定包括真切的、丰富的、深刻独到的生命体验，这有赖于一些条件，但很重要的是一个人有自觉地追求这种体验的内在动机。"躺平"的人生也能享受"阳光",但一定无法获得千般情愫,万种滋味,这本身就是一种缺憾和匮乏。苏东坡有诗曰:"庐山烟雨浙江潮,未到千般恨不消;到得还来无别事,庐山烟雨浙江潮。"这首诗首尾相同,意味深长。与众所周知的人生三重境界:"看山是山,看水是水;看山不是山,看水不是水;看山还是山,看水还是水"异曲同工。人生就是一场经历,未经历前总对各种世事人情充满向往,如同向往"庐山烟雨浙江潮",及至经历过,便对世事人情看透看淡,繁华过后返璞归真,"庐山烟雨浙江潮"也不过如此。但只有经历过"庐山烟雨浙江潮"的人才有底气和资格这样说,未曾经历过的人不会有这种内心的体验,他们说不出这样的话,即便说出来也是带着酸葡萄心理的"鹦鹉学舌"。

第二个农夫,是大作家托尔斯泰笔下的"贪心"的农夫。

一个农夫经常为自己没有多少土地苦恼,有一次他得到了一个机会。一位地主愿意以一种奇特的方式把土地赠送给农夫。地主对农夫说:"在太阳下山前,你能跑多远,跑过的土地都是你的,但在太阳下山前,你必须回到起点,不然就会失去所有。"农夫欣喜若狂,他不知疲倦地往前奔跑,为了获得更多土地,眼看太阳快下山了,他还舍不得往回跑,等到他想起回头时,既没时间也没力气了,他精疲力竭地倒在他奔跑过的土地上。地主叹息着说:"你真正所需要的也不过几平尺的土地啊"。

在现实中,也有不少人认同和秉持故事中农夫的"追求"的生活理念,结果往往在不断追逐的过程中得不偿失,甚至迷失自我。我们应该有向往、有追求,也应该不执迷、不强求,宽容别人也宽容自己,秉持"知

足常乐""得之我幸,失之我命"的生活态度,步履从容地行走在山水之间。曾国藩年老时写过一副对联:"粗茶淡饭布衣衫,这点福老夫享了;齐家治国平天下,那些事尔等承担。"这就是很好的一个心态,有过追求有过奋斗,但也懂得知止和放手。一个欲壑难填贪心不足的人,要么被名缰利锁困扰,要么力不从心而遭受挫败感的折磨。古人说:"大厦千间,夜宿八尺;良田万顷,日食三餐"。如果总想着占有,结果就是被占有,即人为物役。

人生也是一块用来"种桃种李种春风"的田地,我们既不要做"躺平"的农夫,也不要做"贪心"的农夫,最美好的姿态莫过于既充实又闲适,气定神闲却又步履坚定地有所执着,如此日复一日地耕耘,必能一路芬芳,硕果累累。

肖川　曹专

2021年金秋于北京